人生如清茶，
细品方知味

未来的你，一定会感谢现在努力的自己

杨玉萍／著

南京出版传媒集团
南京出版社

图书在版编目（CIP）数据

未来的你，一定会感谢现在努力的自己 / 杨玉萍著
. -- 南京 ：南京出版社，2016.11
(清茶)
ISBN 978-7-5533-1453-2

Ⅰ. ①未… Ⅱ. ①杨… Ⅲ. ①人生哲学－通俗读物
Ⅳ. ①B821-49

中国版本图书馆CIP数据核字（2016）第180753号

书　　名：未来的你，一定会感谢现在努力的自己
作　　者：杨玉萍
出版发行：南京出版传媒集团 南京出版社
社　　址：南京市太平门街53号　**邮　　编**：210016
网　　址：http://www.njcbs.cn　**电子信箱**：njcbs1988@163.com
淘宝网店：http://njpress.taobao.com　**天猫网店**：http://njcbcmjtts.tmall.com
联系电话：025-83283893、83283864（营销）025-83112257（编务）

出 版 人：朱同芳
出 品 人：卢海鸣
责任编辑：金　欣
责任印制：杨福彬

策　　划：北京日知图书有限公司
印　　刷：北京艺堂印刷有限公司
开　　本：880毫米×1280毫米　1/32
印　　张：7
字　　数：140千字
版　　次：2016年11月第1版
印　　次：2016年11月第1次印刷
书　　号：ISBN 978-7-5533-1453-2
定　　价：28.00元

营销分类：励志

你很忙，还是很努力

未来的你，一定会感谢现在的自己。这是一个看似简单，实则颇为复杂的话题。说其简单，是因为这道理很浅显，励志文章都是这么写的，就算它不写，我们也知道这个道理。说其复杂，是因为一旦联系实际，它就有了点海市蜃楼的虚幻，有了点乌托邦的虚无，而落实到行动上，更显得那么的困难。

有些时候，我们生活中看似非常忙，好像每天都在为忙不完的事情绞尽脑汁、愁眉苦脸，但最终的结果是，我们好像并没有在繁忙的工作中取得一定的进步，不论经验还是效率，等等。真的仅仅是看起来很忙，看起来很努力。有些人常常会向别人倾诉：我每天这么忙，这么多事情，为什么却没有获得我应该的报酬，怎么感觉状态却越来越差？其实我想说的是，忙和努力真的是两码事，我们需要的是有目标、有恒心、有效率的真正努力，而不是没有目标、没有效率、事情一团糟的瞎忙一通。

悠闲、快乐而幸福的日子，是每个生活在世上的人真心向往的。但这样美好的生活不是你我想想就能得到的，没有十足的努力，没有十足的毅力，好像只能看着你想要的生活离你渐渐远去。年轻的我们，现在不去真正的努力，难道要等到何时？所以，永远记住一句话：未来的你，一定会感谢现在努力的自己。

目录

Part 01 人生可以很阳光

如果生命是一棵大树，那么积极、乐观、善良、宽容和努力等便是阳光。正是因为有了阳光的照耀，生命之树才会枝繁叶茂、生机勃勃，才能开出美丽的花，结出幸福的果。

Life

不抱怨的人生才美丽

常言道：良言一句三冬暖，恶语伤人六月寒。语言看似无形无色，却能在人与人之间产生最深最重的伤痕。你有没有遇到过这样的事，在盛怒之下说出了自己原本不会说的话，伤害了原本不想伤害的人？可是说出去的话就像泼出去的水，永远也收不回来。

恶言伤害，就像一地鸡毛一样，撒出去的时候只是一扬手的事，可是在外面这个风吹雨打的世界里，再想将它们捡回来，就算你愿意花费一生的时间，也许都不可能做到了。

一天，一个年轻的女子来到教堂，对牧师圣菲利普诉说自己的烦恼处境，她说她几乎没有朋友，人人都说她难以相处。通过她的诉说，圣菲利普了解了这位女子的性格，她并不是个坏人，只是喜欢背后说些闲话。于是圣菲利普对她说：“议论别人的缺点是不对的，因此你应该做一些弥补的事情来赎罪。离开这里以后，你就到市场上去买一只鸡，然后一直走出城去，一边走一边拔下鸡毛扔掉，直到拔完了，就可以回来了。”

这位女子觉得牧师的话非常奇怪，可她还是遵照圣菲利普的话去买了一只鸡，然后拔掉鸡毛到处撒，当她完成了这件事，再次回到教堂的时候，圣菲利普对她说：“刚刚你完成了赎罪的第一步，现在你去做第二步，那就是把你刚才拔掉的所有鸡毛再捡回来。”女子大惊失色，说道：“那不可能，牧师，那些鸡毛早就被风吹得到处都是了，我只能捡回来一部分，要全捡回来，那是不可能的。”圣菲利普点点头，说：“没错，孩子，你说出口的那些闲话，就和这些鸡毛是一样的啊！”女子恍然大悟。

我们应该从这个故事里学会，不要随意评论别人，更不要随意批评别人，鸡毛是会乱飞的，谣言也是会扩散的，当事情已经不在我们控制之中的时候，后悔也晚了。

吉姆放学回到家，踹开家里的大门，站在院子里对父亲说：“我讨厌我的同桌，他让我丢脸，我希望天底下最坏的事情都发生在他身上！”母亲安慰了他一下，可是吉姆仍然很不高兴，父亲在旁边看了一会儿，找出一袋木炭交给他说：“现在我们来出气，你看，衣架上晾着的那件衣服就是你的同桌，木炭就是坏事，你拿木炭用力去丢那件衣服，砸中了就表示同桌遇到一件坏事，好不好？”吉姆听了很高兴，于是抓起一块木炭冲着衣服扔了过去，直到把一袋木炭都扔完了，父亲问：“现在你还生气吗？”吉姆高兴地回答：“不生气了，我扔得好累，不过我砸中了好多次，真开心！”父亲摇摇头，拿来一面镜子对着吉姆说：“看看镜子里的你是什么样子？”吉姆冲着镜子一看，只见自己全身上下一团黑，连牙齿上都粘了不少黑炭，父亲缓缓地说：“吉姆，当你诅咒别人，希望他发生坏事的时候，就像扔木炭一样，结果只会把自己也弄黑，你明白了吗？做人是不可以这样的。”当我们说着别人的坏话时，那坏话也在伤害着我们自己。与其在涂黑别人的过程中将自己也染黑，不如在擦亮别人的过程中也照亮自己。

有一次，美国陆军部的长官斯坦顿来到林肯这里，怒气冲冲地说有一位少将侮辱他，说他做事不公平。林肯笑了笑，建议斯坦顿写一封信也狠狠地骂那个少将一顿解气，他说：“你写得越刻薄越好，最好把他骂得狗血淋头。”斯坦顿点点头觉得不错，于是就坐下来写了一封信，措辞强硬，语气激烈，然后拿给林肯看。“嗯，没错，就是这样，”林肯看了连连点头，“你写得好极了，就应该这样！”斯坦顿写完这封责骂的信，心情好了很多，正准备把信装进信封里寄出去，林肯制止了他，问道：“斯坦顿，你要干什么啊？”斯坦顿莫名其妙地回答：“写了信当然是要寄出去啊。”林肯摇摇头大声说：“这怎么行呢？你简直是胡闹，赶快把这封信烧掉，再重新写一封寄出去。刚才你正在气头上，写这封信是为了让你解气的，可不是让你寄出去的，现在你的气已经消了很多吧，那就重新写一封吧。”

林肯烧信的办法我们也可以学习，在怒火正盛时，不妨给自己找一个方式发泄，再回头去处理事情，不让负面情绪影响工作，就不会因一时过火做出让自己后悔的事情。

高高在上，恶语相向，肯定不是件好事。头晕目眩便是对你最轻的惩罚。善待他人，重新收获友情和真诚。

Life

快乐可以绕道而达

观望快乐，就像戴着眼镜看风景，更确切地说，就像戴着有色眼镜看风景，因为每个人都将自己心灵的色彩涂到了眼镜上，因此看到不同颜色的风景。如果你想寻找最简单纯净的快乐，就要先摘掉这副眼镜，学会让风景本身给予心灵色彩。

有时，固执的思维就像不可逾越的巨石一样挡在通向快乐的路上，而当你用另一种眼光去看时，它却一推就倒。

有一户人家，家门前有一条小路，路上有一块大石头，每个路过的人都很小心地避开它，可还是有不少人一不小心就会被石头绊一下。这一天，家里的小儿子又被石头绊倒了，他很生气地问爸爸："爸爸，为什么我们不把那块石头搬走呢？它老是把我绊倒。"

爸爸摇了摇头说："那块石头从我小的时候就在那里了，小时候我也问过你爷爷，你爷爷说，那块石头埋在地里的部分是很大的，要想把它挖走得花很长的时间，以后你走路小心点就行了。”小儿子走开了，以后尽量绕开那块石头走路。就这样，那块石头一直留在路上。

后来小儿子长大了，娶了媳妇。一天，新媳妇被石头绊了一跤，她生气地对丈夫说：“那块石头太讨厌了，明天把它搬走吧。”她的丈夫把父亲曾经对他说的话对她说了一遍，并且说：“要是能搬走，在我小时候就搬走了，那块石头是很大的。”

可是新媳妇并不死心，她决定搬走那块石头。于是，她亲自提了水浇在石头周围，把泥土浸松软了，然后用铁锹铲土。听了丈夫的话，她以为自己要铲好几天呢，没想到才铲了几下，石头就松动了，原来这块石头埋在土里的部分并不多，根本没有大家说的那么大。于是，这块挡了几代人路的石头，就这样轻易地被新媳妇搬走了。

别总说生活处处艰难，快乐无路可达，就像文中的那块石头，假如新媳妇不去试着搬走它，又怎么知道它并非不可撼动呢?

安妮是一个内向的小姑娘，她总觉得自己长得不漂亮，衣服也不好看，因此不管走到哪里，她总是低着头，沉默寡言。有一天，安妮的婶婶送给她一个很别致的蝴蝶结，上面带着飘逸的丝带，安妮将它戴在头上，家里的人纷纷说她看起来漂亮极了。安妮很开心，她也觉得自己戴着这个蝴蝶结确实很美，于是她兴高采烈地到学校去，希望大家都能夸奖她美丽的蝴蝶结。她蹦蹦跳跳地出了门，心情好得不得了。

刚进学校，安妮就碰到了老师，老师看着安妮高高昂起的头，亲切地说：“安妮，你今天真漂亮！”安妮听了更加高兴了，她相信今天自己确实很漂亮。果然，接下来很多人都对她说：“安妮，你今天看起来真漂亮！”回到家，安妮心想今天多亏了这个美丽的蝴蝶结，让她得到了这么多人的夸奖，可是当她照镜子的时候，却发现自己头上根本没有蝴蝶结——蝴蝶结在刚出门的时候就被风吹掉了。

让安妮得到夸奖的，并不是那个美丽的蝴蝶结，而是安妮因为觉得自己漂亮而昂起来的头和自信的微笑。

让安妮美丽的，并不是她自以为美丽的蝴蝶结，而是她抬头挺胸的姿态。让人快乐的，也并不是什么外物，而是自己那颗自信乐观的心，那双能看到希望和美的眼睛。

Life

有一种得到叫放手

有人说，快乐就像手里掬着的一捧沙子，你越是握得紧，手心里剩下的就越少，只有展开手掌，才能留下最多。我们往往越是想要留住什么时，越是会不由自主地将它握紧，不仅没有留住，反而眼看着它从掌缝里溜走了。

如果你想得到什么，就要学会试着放手，放手并不意味着失去，而是另一种更加长久的获得。

一位妈妈为自己的儿子穿好衣服后就将他放在客厅里了，自己则到厨房准备早餐。4岁的儿子一个人在客厅里玩得很起劲儿，妈妈不时听到他的笑声。突然一阵哭声传来，妈妈赶忙跑到客厅，看到孩子坐在地上，一只手在一个瓷花瓶里面，大声地哭着。妈妈不明白发生了什么事情，打算帮儿子将手拉出来，但是稍微一用力，儿子哭的声音却更大了。

妈妈慌了，她不知道儿子到底怎么了，问他却只是大哭不说一句话，妈妈想了各种办法，放香皂水、润滑油等都无济于事，孩子的整只手都在里面，而且人也越发哭得厉害。

没有办法，妈妈想只能将瓷花瓶打碎了，这是一件丈夫非常喜爱的古董，价值不菲，然而现在看来儿子的手掌肯定是肿了，孩子连话都不说只是哭，说明很严重。于是她咬着牙砸烂了瓷瓶，拿出儿子的手后，发现果然不正常，他的小手攥得紧紧的，怎么也不松开。

妈妈担心是痉挛，就在她准备带孩子去医院的时候，孩子止住哭声后摊开了手掌。其实，孩子手里一直都攥着一个玻璃球，由于玻璃球掉进了瓷瓶里，他伸手进去抓，抓住了以后想拿出来，但是攥了东西的手却拿不出来了，他又不愿意放开那个玻璃球，所以吓得大哭，手却什么事也没有。看到这种情况，妈妈又好气又好笑，为了一个玻璃球，竟然打碎了一件古董。

看过这个故事的人不禁会想，这孩子真傻，为了一个玻璃球害得妈妈打破了珍贵的花瓶。可是仔细想想我们自己，很多时候，我们也曾为了一些不值得的东西不肯放手，而失去了更重要的东西。

一个登山爱好者的目标是登上世界第一高峰，他为此进行了多年的准备以及努力，认为条件成熟之后，他出发了。

这是一段孤独的旅程，他希望当他完成这项创举的时候，人们会说：“他可是完全靠自己独立完成的啊。”他来到山下，开始了攀登，一段时间后天开始暗下来了，这比他预想的要早一些，急功近利的他不想停下来，而是继续向上爬去。

不幸的是，入夜后周围没有照明，天上乌云密布，连一些微弱的星光都被挡住了，能见度极差。他只好靠着头灯的一点儿光来看清楚前面的一小段距离。他并没有退缩，心中只想着继续攀登以及成功后的喜悦。

在快要登顶的时候，他一激动结果脚下滑了一下，他失去了攀附，开始急速向下跌落。他眼中所见都是黑暗，头灯掉了，头盔掉了。

完了，他心中想着，难道我的生命就这样结束了吗？

他腰中所系着的保险绳救了他，他的下落得到了缓冲并最终吊在了黑暗的空中。没有了照明，他看到下面是黑漆漆的深渊，上面已经望不到顶，而旁边也没有可以够得着的地方。

他高声呼救，却没有人回应，他有心沿着绳子向上攀爬，但是自己已经连续攀登了这么久，早就没有了力气，何况自己已经受了伤。最后，他想到可以割断绳子继续下落，因为刚刚自己已经落了那么久，也许地面并不远呢？可是天色实在很黑，他什么都看不到，万一还很深的话，自己岂不是会被摔烂？他进退不得，在越来越寒冷的空气中不断犹豫着。

次日，搜救队展开了搜索，他们惊奇地发现，其实这名登山者离地面仅有3米多，即使掉下来也绝无大碍，可是他已经冻僵了，双手还牢牢地抓着绳子，吊在半空中。

在这种时候，选择放手确实是一件很难的事，不过，在生死一线的时候，既然不放手必死无疑，而放手还可能有一线生机，为什么还要那么执着地宁愿选择死，也不愿放手试一试呢？

人生美在没有完美

很多人之所以烦躁不堪，是因为内心难以平静，因此很多人想找一片静谧的空间来抚慰自己那颗烦躁的心。有人觉得世界太嘈杂了，很难找到这样一方净土。其实，一个人内心的清净，无须依靠外物，只要把心当作人生安宁的本源，那么，他的人生就无处不宁静。

有这样一个人：孩子没有那么聪明，妻子没有那么漂亮，家里也没有太多的钱。他总为自己的这些遗憾而不快乐，就祈求上帝改变自己的命运。上帝终于被他打动了，于是对他说："如果你在世间找到一位对自己命运满意的人，我就弥补你所谓的遗憾。"这个人一听高兴极了，就开始了他的寻找旅程。

一天，他投宿在一户人家，看到主人不仅家中殷实，而且妻子也很漂亮，夫妻俩还有个聪明的儿子。于是这个人就问主人："你一定拥有一个完美的家庭吧？"主人回答："哪里呀，你看到的只是外表，你知道吗？我妻子有严重的哮喘，我的孩子患有癫痫。家家有本难念的经呀，可能只有国王的人生才是完美的。”于是，这个人找到国王，问道：“陛下，您有至高无上的权力，有享受不完的荣华富贵，您对自己的命运满意吗？”国王叹道：“我虽贵为国君，却日日寝食不安，时刻担心有人想夺走我的王位，忧虑国家能否长治久安，我还不如一个快乐的流浪汉！”于是，这个人又去找了一个正在晒太阳的流浪汉，问道：“流浪汉，你不必为国家大事操心，你可以无忧无虑地晒太阳，连国王都羡慕你，你对自己的命运满意吗？”流浪汉听后哈哈大笑：“你在开玩笑吧？我以乞讨为生，无家可归，怎么可能对自己的命运满意呢？”

就这样，这个人走遍了世界的每个地方，访问了各行各业的人，所有的人都对自己的命运不满意。这人终于醒悟——人生都有遗憾，生活没有完美。

Life

两情相悦胜于家财万贯

当我们躺在摇椅上悠闲地享受老年生活的时候，如果自己的伴侣仍然陪在身边，一起回忆那些青涩的少年时光、激情飞扬的青春岁月、埋头苦干的中年生活时，那将是怎样的浪漫。这个时候，我们不需要几百平方米的别墅，因为我们行动困难；我们不需要几克拉的钻戒，因为没人会关心那个，只有爱情才会让我们平静地面对生命的沧桑。

童话中美丽的姑娘都会嫁给王子，从小的耳濡目染会让我们觉得那才是爱情，然而这世界上有几个王子呢？何况，那些美丽的姑娘嫁给王子之所以幸福，并不是因为嫁给的是王子，而是因为他们相爱了。

在一个孤悬海外的岛上，居住着智慧、快乐、爱、虚荣等。他们在这个岛上已经居住了好多年。忽然有一天，智慧发布了一条惊人的消息：在不久的将来会有地震袭击小岛，然后整个小岛会沉降到海平面以下，我们需要马上转移出去。在消息发布的当天，大家各显神通，积极制造船只，纷纷离岛寻找安全的避难所。爱一直在岛上坚守着，希望用自己的力量鼓励别人，直到地震马上就要来了，爱意识到自己必须离开了，但是她还没有来得及建造船只。不过她并不害怕，她相信会有很多人愿意帮助她逃生。这时，刚好财富建造好的大船开过来了，爱使劲儿向他招手，请求财富带上自己，谁知财富拒绝了她："你看我的船上满是金银财宝，哪里还能腾出空间来？"

财富离开后，虚荣划着自己精心建造的小船过来了，他的船精致高雅，爱再次提出了请求："虚荣，带我一起走吧。"虚荣将爱上下打量了一番，皱着眉头说："不行，你看你脏兮兮的，别把我的新船弄脏了，那就不美观了。"这时候悲哀愁苦地划了过来，爱马上央求道："悲哀，让我跟你做个伴儿吧？"悲哀唉声叹气地说："我们走不出去了，再说，就算出去了也没什么意思，你还是找别人吧。"快乐原本与爱关系很好，但是在快乐经过爱的时候，他哼着歌打着拍子，居然没有听到爱对他发出的呼唤。爱感到了深深的绝望，准备和这小岛一起毁灭了。就在此时，一个声音邀请她上船一起走，爱激动地上了船，划船的是一位没有见过的老者，他专心致志地划着船，没有再说一句话。

到达陆地后，老者消失了，爱连忙招呼旁边的智慧，向他请教那位带自己来的老者是谁，智慧说道："那就是时间啊，你不认识吗？”“不认识，可是为什么只有时间肯救我呢？”智慧沉思了一下，说：“因为这个世界上能知道爱伟大的，就是时间了。”

爱是人生最重要的感情，父母之爱让我们成长，儿女之爱让我们充实，而只有夫妻之爱让我们同风共雨，共沐阳光，一时的贫穷或打击都会过去，真正的爱永远经得起时间的考验。

一个商人在一次意外事件中赔掉了所有的财产，夫妻俩刚刚装修好的新房子不得不降价出售了。他们的跑车也被用来抵债了，出门只能用电动自行车代步。这一天，一些交往多年的朋友邀请他们去野炊，由于电动车比较慢，他们到的时候别人都已经等了一会儿，朋友们都知道他们目前的处境，什么也没有说。然而其中一个朋友刚刚结婚，他的妻子不了解情况，很不理解他们为什么会骑着电动车来，于是随口问了出来：“你们怎么骑着电动车来啊？这多慢啊。”

这句话一出口，空气似乎一下子凝固了，那位新婚的丈夫赶紧拉了拉妻子的手，别的人有的马上岔开了话题，有的转身走开了。商人面红耳赤地站在原地，头低了下来，这时却听到自己的妻子用很平淡的语调回答道：“是我提议骑电动车的，因为这样我就可以一路上都抱着他。”朋友们马上笑了起来，那位新结婚的妻子羡慕地对丈夫说：“看人家感情多好。”商人握住了妻子的手，眼中充满了无限的深情。

真正的爱是能够同甘共苦的。无论前途光明还是遭遇挫折，只有真心爱你的那个人才会愿意不计代价地陪在你身边。这样的情意，是无论多么美貌的外表或巨额财产都不能比的。

没有什么过不去的坎坷，没有什么抹不去的忧愁，因为爱，我们可以微笑面对。笨拙和滑稽，往往是爱的最佳表现。

Life

感谢折磨你的人

罗曼·罗兰曾经说过："从远处看，人生的不幸和折磨还是很有诗意的，一个人最怕庸庸碌碌地度过一生。"是啊，假如我们一直像在平静无波的海面上行驶一样平淡生活下去，到最后，我们既失去了面对风浪的能力，也没有留下对人生波澜的回忆。

经历过风雨的花草才能更加坚韧健壮，经历过风雨的人生也才能更加丰满向上，那些曾经给我们折磨的人，都是磨刀石，让我们在痛苦和摩擦中，走向锋利。

曾经有一座寺庙，规模宏大，香火旺盛。这一年，寺里决定再雕刻一尊更大的佛像，西天如来就派了一个罗汉来到人间，这位罗汉最擅长雕刻佛像。

罗汉到了庙前，从一堆石料中选择了一块看起来材质很不错的石头开始雕刻，可是当他拿起凿子刚刚凿了几下时，这块石头就受不了了，大喊着："疼死我了！疼死我了！快停下！"罗汉摇了摇头，劝说道："只有经过这番雕刻，你才能变成佛像，忍一忍，马上就过去了。"说完就继续雕刻。

可是没凿几下，石头又开始大喊："快停下吧！实在太疼了！"这样喊了一会儿后，罗汉听得心烦不已，于是按照石头的意愿停止了雕刻，丢开了它，找了另外一块资质较差的石头重新雕刻。

这块较差的石头知道自己的天生条件并不好，能被选中分外感激，所以无论罗汉怎么在它身上敲敲打打，它都始终默不作声地忍着，咬牙撑了下来。几天之后，石头变成了一尊高大庄严的佛像。大家对罗汉的技艺赞叹不已，把这尊佛像恭恭敬敬地放在了神坛上，它从此开始接受香火供奉。

那块资质较好的石头呢，因为不肯接受琢磨，只好用来铺路，日日被脚踏车碾，它看到佛像高高在上，心里非常不平，质问佛祖："那块石头明明资质比我差多了，凭什么它高高在上，我就要被人践踏呢？这太不公平了！"佛祖淡淡地笑了，回答说："它的条件确实不如你，但那份荣耀来自于当初一锤一凿的折磨和痛苦。既然你不能承受那折磨，那么就只好安于你现在的命运了。"

其实我们每个人都是一块普通的石头，也许有人天生条件较好，但是最终决定我们命运的，不是那条件，而是我们是否有能力、有胸怀承受社会、他人带给我们的折磨和打击。

乔治是一名厨师，在纽约郊外一家著名的度假村工作。这是一个周末，最忙碌的时候，一个服务生端着一盘炸马铃薯回到了厨房，对乔治说："这是一位客人点的，可是他说马铃薯切得太厚了，他吃不下。"

乔治看了看盘里的炸马铃薯，这和自己以往做的没有什么不同，别的饭店也是这么切的，从来没听人说过太厚了。不过作为厨师，他还是重新切了一盘比较薄的马铃薯片炸好了让服务生送了出去。

可是没过一会儿，服务生又端着盘子回来了，愤愤不平地说："这个客人简直是不可理喻！我看他一定是在别处受了什么气，所以到我们餐厅来发火，他还是嫌马铃薯切得太厚了，要求再重新做一份！"

这时正是最忙的时候，乔治自己也很不高兴，可是仔细想了想，还是叹了口气，又重新切了一份非常薄的、几乎透明的马铃薯片，然后炸好送了出去。服务生很快又回来了，这次他的手里并没有盘子，而是兴高采烈地说："那位客人终于满意了，他说他从来没吃过这么好吃的炸薯片，要求再来一盘，周围的其他客人也都想要一盘！"

就这样，乔治的炸薯片成为这家度假村的招牌食品，远近闻名，慢慢地流传开后，马铃薯也用洋芋片来代替，终于发展成为今天我们在世界各地都能见到，并且广受欢迎的一种休闲食品。

就像乔治一样，当看似不合理的责难向我们迎面击来时，如果我们能够保持冷静，愿意去继续尝试，往往能从这责难中找到一条通向成功的大道。

Life

侮辱你的不是金钱，而是你的心魔

我们的生活是靠自己的劳动维持的，可是总有那么一些时候，接受一些钱看起来仿佛是侮辱，因为它看起来像是施舍，只有叫花子才接受施舍。古往今来，在金钱和尊严之间发生过太多的故事，其实，有时候我们只是需要换种态度而已。

大度地面对生活，我们没那么容易受伤，不要为了一些小钱而自觉受辱。是我们应得的，不妨坦然接受它。

在莫斯科到波良纳的路途中，有不少流浪者和徒步旅行的人，旅行者中有一个看起来很普通的人，背着一个很大的背包，和几个流浪者结伴而行。谁也不认识这位旅行者，只知道他常常会经过这段要五天左右的路。

旅行者们的食宿是很随便的，有时就在农家借宿，有时会在沿途火车站的候车室里歇息。这一天，这位旅行者经过一个小车站，打算到候车室里休息一会儿，可是恰逢旅客进站上车，候车室人很多，他信步走到了月台上，在墙边的长椅上坐了下来。

正在这时，车上的一位女士对他使劲招手，喊道："老头！老头！"他转过身去，看见那位女士一脸急切的神情，于是走了过去，问道："夫人，您有什么需要帮助的？"坐在火车上的女士急匆匆地说："我的手提包落在候车室洗手间了，我怕火车开走不敢下去取，麻烦你快去帮我取来！"旅行者听了，马上转身小跑到洗手间里去把那个手提包拿了出来，递给那位女士。女士很感激，找出一枚五戈比硬币递给了旅行者，旅行者微笑了一下，接过了钱，转身便要离开。

这时，火车里另一位男士看着旅行者，忽然叫了起来："天哪！这不是托尔斯泰吗？是《战争与和平》的作者啊！这位夫人，你竟然给了伟大的托尔斯泰一枚硬币！"那位女士愣住了，然后满脸通红地向正在走远的旅行者——托尔斯泰喊道："天啊，请您原谅我的无知，您把那枚硬币还给我吧，我不知道您是托尔斯泰，唉，真是对不起，我竟然这样对待您这样伟大的作家。"

托尔斯泰转过身，笑着说："这五戈比是我用自己的劳动换来的，所以我收下了，您又没有做错什么，何必如此不安呢？"这时，火车缓缓前进了，那位女士仍然一脸羞愧地要求托尔斯泰归还那枚硬币，而托尔斯泰却站在远处，笑着目送火车渐渐开远。

故事里的五戈比，到底是一种羞辱，还是一种尊重，给出的人和拿到的人感觉完全不同，这只是想法不同罢了，在托尔斯泰眼里，他付出自己的劳动获得这些赏钱是很合理的，他并没有觉得受到侮辱。这份坚持让我们看到了一位伟人宽容的生活态度，这种态度难道不值得学习吗？

这一年初冬时，格林太太一家搬到了纽约，格林太太很快就为两个孩子办理了入学手续，让他们在一所公立小学里继续读书。

进入冬天后，纽约的天气坏透了，几乎每隔几天就有一场暴风雪，有那么几天，道路上的积雪有几尺厚，很多单位都暂时歇业了。可是格林太太的孩子就读的小学始终正常上课，每天早晚接送孩子的校车都会很慢地在积满雪的路上行驶。

很多家长都不理解，格林太太也是，于是她给学校打电话，提出暂时停课的建议，认为在这样恶劣的天气里，实在没有必要把孩子们大老远拉到学校再拉回来。可是学校的解释却让格林太太愣住了，学校管理人员说："您可能知道，纽约贫富分化比较严重，在这样严寒的冬天，有钱人可以过得很好，可是穷人们是很艰难的。据我们所知，很多贫困的家庭冬天是用不起暖气的，我们把孩子接来学校，不但可以让他们在这里温暖地过一整天，还可以吃到一顿丰富的免费午餐。"

听到这个回答，格林太太沉默了，她又接着说："那么你们为什么不让那些家庭条件比较好的学生停课呢？只把贫困的学生接到学校好了。"管理人员淡淡地回答道："不，格林太太，我们不能一边帮助那些贫困的孩子，却在另一边践踏他们的尊严。"这个回答让格林太太感动不已，当她和人谈起这件事的时候，总是说，没想到她在人到中年的时候，仍然从小学里学到了重要的一课。

是啊，当我们有能力并且愿意去帮助别人时，千万不要因此自觉高人一等，因为那种居高临下的态度所带来的伤害，是无论多少帮助都无法弥补的，会使你的帮助显得廉价而毫无意义。

Life

尊重他人，就等于尊重我们自己

这个世界讲究个性，讲究张扬，我们可以独树一帜做我们自己，也可以特立独行无视他人眼光，但是不论做什么，都要以尊重为前提，因为尊重就像一颗弹力球，你用多大的力量扔出去，它就能用多大的力量弹回来——尊重他人，就等于尊重我们自己。

尊重就像一座桥，它连接两个人的心，让他们看到彼此的诚意，让他们放下心防坦诚以对。不论是对陌生人、朋友、同事还是家人，尊重都是人际关系中的第一道招牌。

在美国的印第安保护区里，有一个原始部落，这个部落有个传统，所有人都是赤身裸体地在一起活动，从来不穿衣服。因为这个习俗，这个部落的人遭到外人一致的嘲笑和冷眼，然而他们始终坚持着自己的传统，不愿意改变。

这一年，部落里流行瘟疫，几乎全族人被感染，于是他们派人到最近的城镇里找到了一位年迈的名医，请求他到村里来为族人治病。医生非常为难，然而部落里的几百口人等着自己救命，几经犹豫之后，医生还是答应了。

听说这位知名的医生答应前来，部落里的人召开了会议，讨论过后，他们决定尊重医生的习惯，所有人都穿起衣服，在大厅里等着。就在医生走进厅里的时候，所有人都惊呆了，因为这位白发苍苍的医生背着沉重的医疗箱，浑身一丝不挂！瞬间，整个部落的人们，眼睛里都涌出了泪花。

故事里的医生和原住民都记着尊重对方，是啊，在生活中，还有什么比一个人出于理解和尊重而主动去迁就对方更加美好呢？

在我13岁生日那天，妈妈把我叫进了她的房间，拍拍身边的椅子让我坐下，微笑着对我说："安妮，今天你13岁了，我想和你好好谈一谈。"我愣了一下，坐下来，妈妈继续说，"这13年来，我尽量每件事都和你讲清楚道理，让你自己判断是非，你觉得你现在有分辨是非的能力了吗？"我收起了嬉皮笑脸，认真地回答说："是的，我相信我有这个能力。"

妈妈看着我的眼睛说："那么从今天起，就到了该你自己做决定的时候了。以后你要和什么人交朋友，要什么时候写作业，要什么时候起床、睡觉，所有你自己的事情，你都可以自己拿主意，我不会再为你做决定了。"

我吓了一跳："妈妈，我做错什么事了吗？你生气了才这么说的，对吗？”

妈妈笑了起来，她抱了抱我，然后说：“不，宝贝，我是要让你学会自己做主，很多年轻人走上社会的时候都会犯错，他们大部分是因为从小被父母管教惯了，忽然失去了指导的缘故。所以，我希望你早一点学会自己做决定，因为你现在还小，我还在你身边，一旦你犯了错误，我还可以帮助你。”

我呆呆地看着妈妈，心里想着，今后我可以想干什么就干什么了，我能尽情去参加各种聚会了，也没人催我写作业了，这简直是太好了！妈妈看着我脸上兴奋的表情，笑了，然后拍拍我的肩膀说：“可是你要记住，这是一种自由，也是一种责任，我尊重你的选择，但是你也要为自己的选择负责，我们都会看着你的。”

我的13岁生日就这样结束了，这番谈话是我这一生收到的最好的生日礼物。我明白了，妈妈并没有离开我的生活，她只是早早给了我自己的翅膀，让我为未来的飞翔做好准备。

在之后的几年里，我有时会出门几天，有时会去参加聚会，偶尔也会熬夜，还有一段时间成绩下滑，妈妈从来没有责备过我，她只是静静地在旁边说，“你上大学的机会正在减少。”有时她还会问我：“你今天聚会的这些朋友，你觉得他们十年以后会做什么呢？而你希望你那时在做什么呢？”这些话总是马上就让我明白，我已经渐渐偏离了原路，我应该做一些事来弥补自己犯下的过错。

就这样，我做着自己的决定，一年又一年，渐渐地越走越好，而妈妈总是在身边微笑地看着我，有时用小小的建议来帮我修补过错，对妈妈，我从来也没有感到过叛逆，事实上，我们比其他任何一对母女都更加亲密。

是啊，如果每个家庭中的父母都能这样尊重自己的孩子，而不是指指点点发出各种命令，那么两代人的关系也许也能像故事里的母女一样。让孩子们从小就懂得什么是爱，什么是责任，什么是经验，什么是尊重。

有强烈的表现欲望是件好事，但前提是在他人接受的范围之内。
尊重他人，与他人进行平等的交流，是自我提升的关键所在。

Life

用感恩的心滋润生活

我们感恩大地承载了我们，感恩天空笼罩了我们，感恩父母养育了我们，感恩朋友帮助了我们，一切赐予都值得感恩，一切美好都值得道谢，可是你知道吗？我们需要感恩的，远不止这些，春花夏雨固然令人珍爱，难道寒风霜雪就没有它的价值吗？

一颗懂得感恩的心，能得到更加滋润、丰满的生活——是感恩让积雪化成了来年的涓涓细流，是感恩让苦痛责难变成了指路向前的曲折标杆。

有一个大学生，刚毕业就进入一家机关单位工作，他自恃有才，处处锋芒毕露，得到领导的几次夸奖之后越发狂妄起来，终于招致领导的不满和猜忌，领导逐渐开始闲置他。大学生眼看着自己被高高挂起，失去了很多施展才华的机会，心中非常苦闷，终于有一天他忍不住对领导发了顿火，然后回到家里，对父亲大吐苦水，说自己再也待不下去了，一定要离开这个单位。

父亲听完了他的诉苦后，笑了笑，然后认真地对大学生说："儿子，你应该谅解单位领导对你的冷遇，你太不成熟了，这是一种生活的考验，你应该像对待我一样去对待领导，我养育了你，你懂得感激，那么领导给了你赏识和赞美，你为什么不能真诚地给予感激呢？"儿子愣住了，思考过后，默默地接受了父亲的指导，回到了单位。

一周过去了，大学生和领导之间的关系果然轻松了很多；两个月过去了，他们每次见面都互相笑着打招呼，领导也越来越多地将重要的工作交给年轻人来办；一年之后，领导毫不犹豫地将一次升迁的机会给了这位曾经朝自己发火的大学生。

大学生到了中年的时候，和许多朋友一起下海经商，办了一个公司，事业蒸蒸日上。可是有一天，他脸色不耐烦而且疲惫地从公司回到家，对妻子抱怨说："这次的客户真是难缠极了，他们提出的要求那么多，有些根本不合理，真想甩手不干了。"

妻子静静地听他说完后，笑着说："亲爱的，其实这就像情场上的考验一样，你应该像对我那样对客户，把每次合作都看作爱情的奉献，就像你耐心对待我的责难和无理要求一样，也耐心地对待他们，细心解答，他们一定会谅解你的。"他愣住了，这番话和父亲当年告诉自己的那番话如此相似。他想起往事，不由得笑了起来。所以，不论对待什么人，如果我们能像对待父母、对待爱人一样有耐心，懂得感恩和珍惜，一定能得到对方的谅解和真心。

乔治是维也纳的一名律师，二战期间，他逃难到了瑞典，当时他身无分文，急需找到一份工作糊口。由于他可以读写好几个国家的语言，所以他很快找到了一家进出口贸易公司，递上简历和求职信，希望在那里获得一个秘书的职位。

那家公司的经理很快就回了信，信上说："对不起，先生，我从来都不需要一个帮我写信的秘书，而且你对我公司生意的看法是彻底错误的，更别提你根本无法很好地使用瑞典文了，你的信里遍布各种语法错误。"

乔治看到这封回信的时候，气愤极了，就在他打算写一封回信狠狠责骂一下那位经理时，转念一想："也许那个人说的是对的呢？我的确对进出口贸易不太了解，而且瑞典文也不是我的母语，只是在学校学过而已，说不定我的信里确实有很多错误呢？也许他并不是在侮辱我，而是在为我指出错误。"于是他重新写了一封回信，上面写着："谢谢您，先生，万分感激您抽空回信给我，尤其是我知道您并没有一个为您写信的秘书。贵公司的业务我确实并不十分了解，对于我弄错了的地方实在很抱歉。瑞典文的确并非我擅长的，我不知道自己犯了很多语法错误，谢谢您帮我指出这个缺点，我一定会更加努力学习这门精深的语言。"

没过两天，乔治就又收到了那个公司的回信，经理客气地请乔治到公司去一趟，然后给了他一份工作。

有时候，面对责难和批评，不妨静下心来，认真考虑对方的意见而不是恼羞成怒，因为大部分时候别人并不会毫无理由地指责我们，只要我们换一个角度，带着感恩的心去想，就会看出对方的批评其实是在帮我们指出我们并没有认识到的错误。

Life

每个人都是为别人插花的人

蜜蜂忙碌地采集花粉酿蜜，却也让花粉在花朵间传递，结出了小小的果实；青蛙不停地在农田里奔忙捉虫填饱肚子，却也让庄稼免受害虫危害，茁壮成长；挑着沉重担子的护山工挥汗如雨，步履艰难，却成为游人眼中独特的风景。当我们在辛勤忙碌时也总会有一些人，因为这些忙碌而获益。

有句俗话说：为他人做嫁衣。似乎在表达白忙一场的无奈，不过，为什么我们不想一想，就在此时，也许有人正在为我们做嫁衣呢？失之东隅，收之桑榆，生活是一个圈，迟早会转回来的。

有一次，我和朋友一起到一家知名的咖啡店闲坐，点了两碟特色冰激凌。冰激凌的名字很特别，端上来一看，样子也非常精致，上面的装饰无论是颜色还是味道都恰到好处，令人眼前一亮。

我的冰激凌边插着一个巧克力做的小黑人，他打着一把小小的花伞，左手搭在一枚大红樱桃上，右手搭在一瓣金黄的橙子上，小黑人表情很生动，一脸满足悠闲，仿佛拥有了整个世界一样。而朋友的冰激凌边上，有一个由几种颜色不同的水果组成的女郎形象，腰肢纤细，动作夸张，微微靠在冰激凌边上，似乎在看着远方沉思。

这两碟冰激凌实在太美了，我和朋友几乎舍不得把它们吃掉，对着它们拍了几张照片，然后两个人热情地议论了很久，我们一致认为，能够做出这么精美东西的人一定是一个艺术家，在他的心里一定充满了对生活的热爱和无尽的遐想。我们开始羡慕做出这些冰激凌的厨师，觉得他这样热爱自己的工作，有着如此动人的创意，一定是十分幸福的人。

于是我们找来了咖啡店的经理，表达了我们的赞美之情，然后询问他是否可以让我们见识一下冰激凌是怎么做出来的，对方非常爽快地答应了，招来一名服务员带我们到后面去。

刚进厨房，我就听到一个小伙子在大声发火，远远地看到他低着头在桌上摆弄着什么东西，我走到他身后一看，他的手边正摆着一碟冰激凌，上面的几枚水果还没有完成造型，小伙子并没有注意到我们，将一筒牙签狠狠地摔在地上，大声骂道："以后再也不要买这种牙签了，真难用，一会儿工夫已经在我手上扎了好几个窟窿了！"

看到这种情形，我才明白，原来在我们眼中优美绝伦的艺术作品，在另一个人眼里，却是生活不得不进行下去的步骤，是一种疲累的劳作。我失去了观赏冰激凌制作过程的兴趣，默默地转身离开了。

人生总是这样，有些事在我们看来枯燥无趣，令人厌烦，对别人来说却是一道优美的风景。而那些我们热衷于欣赏和感慨的享受，也是别人辛苦操劳的结果——我们都是组成一个圆的一小段弧，因此，还抱怨什么呢？不如感谢别人给我们的服务，也微笑着面对自己的劳动吧。

大诗人李·夏普曾经讲述过他小时候经历的一件事，那件事对他影响深远。

在他很小的时候，一个明媚的春日下午，他和父亲到镇里去，顺便把自己家里需要修理的锄头、耙子等拿到镇里拉塞尔铁匠的铺子去修理一下。放下这些东西后，他和父亲就在镇里的集市上逛了一会儿，等到他们回来时，东西都已经修理好了。拉塞尔已经很老了，不过他的手艺真是没得说，在这么一小会儿的工夫里，几件农具就已经被修好了，就像新买的一样结实。

父亲满意极了，拿出一枚银币交给拉塞尔，没想到拉塞尔摇了摇手，说：“这种小活我是不收钱的。”父亲觉得过意不去，一定要他收下那枚银币，拉塞尔却对着父亲说：“年轻人，你何必一定要坚持，难道你就不能让我这样一个老人，偶尔也用这种办法舒展一下自己的灵魂？”

很多年后，成为了大诗人的夏普感叹地说：“就算我还能活

1000年，拉塞尔这句话也绝不会在我的心里消失，我相信，这是我听过的，最能触动我心灵的一句话。”

这位老铁匠的话充满了智慧，是啊，他懂得用小小的付出和服务舒展心灵的臂膀，因而他的人生无比圆满。我们，也可以这样。

Part 02 人生因梦想而伟大

每一个梦想都是生命宝库中的一张支票，在我们努力追寻它的路上，渐渐可以支取到自信、快乐、荣誉和成功，我们迈出的每一步都使这张支票的价值倍增，等到最终收获梦想时，你会发现，其实它就是整座宝库。

你就是一座宝藏

我们常常觉得自己了解自己，其实对大多数人来说，面对自己时就像面对一座小山丘，山丘的表面固然是我们所熟悉的，可是我们既没有凿开山壁的锤子，也没有透视石壁的眼睛，因此山丘里面到底有什么，是一个未解之谜。我们看不到，那山丘里面的宝藏正发出熠熠的光辉，等待着被人开启和发现。

古往今来，世上总是既有卓越不凡的伟人，也有碌碌无为的庸人，就算时代背景、社会条件完全相同，也总是有人成功、有人失败，这是天资不同吗？是命运有别吗？不，这是因为常常有人终其一生都没有发现自己真正的价值所在。

这是一个丰收的秋天，奥比太太后院种下的一片玉米个个颗粒饱满，马上就能收获了。有一穗玉米个头最大，每一粒果实都饱满圆润，它自信是整个院子里最大最好的玉米，认为到了收获的那天，奥比太太一定会最先摘下自己，因此它兴致勃勃地等待着。

终于，这天早上，奥比太太走进了院子，来到了玉米地前，她挨个看了看这些玉米，然后拿出一个篮子，开始收获。最大的这穗玉米激动极了，它颤抖着等待奥比太太将自己摘下来，可是奥比太太走到它面前来，只是认真地看了它一眼后，就转身走开了，摘了别的玉米。

最大的玉米愣住了，然后自我安慰道：“她一定是没有看见我，明天她一定会最先摘走我的！”可是第二天早上，当奥比太太再次提着篮子走进玉米地的时候，从最大的玉米身边没有停留地走过去，摘了很多其他玉米。最大的玉米忍着眼泪强颜欢笑，对自己说：“她明天一定会摘走我的。”可是，好几天过去了，当院子里的玉米几乎被摘完时，最大的玉米仍然孤零零地留在那里。奥比太太已经好几天没有来了，最大的玉米心里充满了绝望和痛苦，它感到自己饱满整齐的颗粒开始坚硬，渐渐干瘪下来。在一个深夜里，当带着寒意的秋风乍然吹起时，最大的玉米心中彻底放弃了希望，它绝望地想着：“我想我以前太高看自己了，看来我真的不是一穗好玉米，也许我连普通的玉米也算不上，只是一穗很差的玉米吧。”

就在这样的绝望中，天慢慢亮了，初升太阳的光芒照到了最大的玉米充满悲伤的脸上。这时，后院的门开了，奥比太太走了进来，她哼着歌，脚步轻快，直直地对着最大的玉米走了过来，站在它面前仔细看了看它，然后自言自语地说道：“这穗玉米是今年最大的，把它当作种子的话，明年一定能结出更多这么大这么好的玉米来！”然后她轻轻地将它摘了下来，放在一个精致的小篮子里……

一时的不得意，一时的落魄也许并不是真正的失败，只要始终保持自信，只要坚持走下去，就能发现，也许这片刻的寂静正是为了凸显接下来的巨响，也许这短暂的黑暗正是为了迎接黎明的到来。

他是一个公认的笨小孩，到了8岁时，还不会计算10以内的加减法，父母随随便便打发他去上学，然后一门心思想着以后要给他找个正经的营生干。一年夏天，无聊的他用墨水在墙上画了几棵树和一片水波，水里还有一个四方亭子，父亲看到了，说这孩子说不定能当个画匠。于是孩子心想自己以后要当画匠，就有事没事看画匠干活，没多久他舅舅家找了个画匠画围墙，他照旧在旁边看，看到画匠画完了山水还写了“桂林山水贾天下”几个字，他知道“甲”字不是这么写的，不过不敢说。

他的画画天赋再也没有进步，父母又看到他每天和村里的小伙伴用纸剪出小猫小狗的样子来，然后拿着手电筒钻进鸡窝“放电影”玩，几天来用完了好几节电池。父亲就到公社放映队去找人，询问是不是能把他安排在那里给人跑腿打杂，也算谋一个正经营生，可是放映队却把名额给了村支书的儿子。画匠没当成，放电影又没机会，父母只好计划着让他回家种地算了，然后商量邻村有个不错的女孩，给他讨回来当媳妇。可是就在这时，一向糊里糊涂的他竟然考上了高中，父亲犹豫起来：让他上吧，会耽误家里种地，而且邻村的女孩也不能等这么久，再说从来也没见村里那些上了高中的孩子能考上大学的，自己家的孩子估计也不会开这个先例。最后父亲说："还是别上了。"他低着头不说话，母亲看了看他涨红的脸，叹了口气说："上吧，走到哪儿算哪儿好了。"

高中毕业他上了一个三流的专科学校，父母计算着他毕业了回家乡当个老师也算不错。可是上到大二他忽然想起来要在学校的校报上发表一篇文章，看着自己的文字发表出来也算一个小成就，于是他开始写东西，一写出来就拿去给语文老师看，偶尔有一篇老师稍露赞许之意的文章，他就赶紧拿去投到校报编辑部，可是校报始终没回音。后来老师也懒得给他看了，他只好自己修改，有空就到图书馆去看书看报，希望提高自己的水平，然而那些文稿始终如泥牛入海，一篇也没能发表在校报上。他打算放弃了，又舍不得将这些辛苦写就的文稿都扔了，就抱着碰运气的想法给市里的日报投了几篇，没想到一段时间后，一篇稿子竟然出现在日报上。接下来的日子里，他的稿子越来越多地出现在省内外的报纸上，他也开始更加努力地投入写作，直到闻名全国。

他就是贾平凹，在一次笔会上，他讲了上述这个故事，然后感叹说："世界上有很多人都是根据父母或者别人的安排来生活的，他们被安排好了要学什么技术，要上哪个学校，要去哪个单位工作，等等。这些人从来也没有真的自己为自己安排一条路。其实，人生中最需要的是一个凳子，这个凳子可能是一个偶然的想法，也可能是一个短暂的念头，当你站上去了，才发现自己还有很多没有被挖掘出的才华和能力。”贾平凹最后笑着说，“要是没有这个凳子，你就永远看不到，更无法实现自己的梦想。”贾平凹找到了属于自己的那个凳子，他不停地试，不停地走，终于发现了自己的才华所在。我们也一定会，只要我们睁大眼睛，不放过每一个机会，不放弃每一次探寻，终能找到开发出这宝藏的方法。

你有多大的胆识和魄力，有时候自己都不清楚。
勇敢去挖掘自己最大的潜力，是每个努力的人都应该尝试的。

Life

幸福属于有梦想的人

心中有梦想的人，眼中才会发出神采，那梦想就像一道光，照亮漫长的人生之路，使我们的来路清晰可见，也使我们即将踏上的去路充满光明。一个被梦想之光笼罩的人，你能从他的眼角、眉梢看到对未来的憧憬，看到对生活的信心，看到因为有所追求而幸福的表情。

每个人小时候都有数不清的梦想，随着渐渐长大，那些天真的愿望渐渐被遗落在时间的长河里，我们在现实生活里一步步随波逐流，偶尔想起一个当年的梦想时，也只会带着一丝遗憾摇头叹息，总觉得现在我们已经太老了，已经不适合再谈起梦想这种事了。可是，这是真的吗？

一个星期天的上午，戴维斯在家里打扫卫生，5岁的小女儿艾丽莎在旁边静静地看着妈妈，忽然，她仰起头来对妈妈说："妈妈，昨天老师问我们长大了以后想做什么呢，我说我想做一个医生。妈妈，你长大了想做什么呢？"

戴维斯以为女儿在玩想象的游戏，于是不在意地说："我想，我长大以后想做一个妈妈。"可是艾丽莎皱了皱眉头说："可是你已经是一个妈妈了，那不行，妈妈，你得好好想想你长大以后想做什么？"戴维斯看了看女儿认真的小脸，笑了笑，装作认真地思考了一下，然后说："嗯，我想，我想我长大以后，要当一个会计师！"可是艾丽莎还是很不满意："不对，妈妈，不是这样的，你已经是一个会计师了！""宝贝，可是我真的不明白你到底想知道什么啊，你觉得，妈妈以后能成为什么呢？"戴维斯无奈地回答。

艾丽莎不解地看着妈妈说："这很简单啊，妈妈，你只要说出你长大以后想做什么就行了，你想做什么都行！只要你愿意，你可以当明星，也可以当最伟大的画家，什么都可以，但是得你自己决定才行啊！"听到这句话，戴维斯愣住了，她以前从来也没想过，在女儿的眼里，自己还可以继续长大，还可以继续有梦想，她已经36岁了，是两个孩子的妈妈，有一个不错的丈夫、一个硕士学位和一份收入不菲的工作，她以为，这就是她的一生了，还能有什么改变呢？可是在女儿心中，她还可以随心所欲地选择自己的未来。

这段简单的交谈彻底唤醒了戴维斯的心，她改变了自己以前上班、看电视、睡觉的生活，开始每天早起跑步锻炼身体，开始去逛书店看书，开始用新奇的眼光来看待身边发生的一切。她的生活其实没有太大的改变，可是只有她自己知道，她的心已经和以前不同了，她已经明白了，自己还可以有梦想，还可以做一个完全不同的人，这个想法让戴维斯重新充满了活力和热情，每个见到她的人都为她脸上的神采所吸引。

想成为一个什么样的人，想做什么样的事，都是我们自己的事，有目的地的路才能走得轻快，有愿望的明天才值得盼望，就算我们已经90岁了，仍然可以梦想着：91岁的时候我要做什么。

史密斯是芝加哥一名普通的中年男子，可是他向当地法院递交的一份诉状却在当时引起了轰动，因为诉状的内容非常奇特。40年前的一天，当6岁的史密斯还在威灵顿小学读一年级的时候，老师让大家各自说出自己的一个梦想，当时班里有24个孩子，每个孩子都兴高采烈地表达了自己的愿望，史密斯甚至说出了两个：一个是去埃及旅行，另一个是有一头属于自己的小奶牛。可是一个叫吉米的男孩却始终说不出自己的梦想，他能想到的几个梦想，都已经被别人说过了，最后，老师为了让吉米也能拥有一个梦想，就建议吉米向身边的同学买一个。就这样，吉米用3美分买走了史密斯的一个梦想，因为史密斯当时更加需要奶牛，所以他卖出了自己去埃及旅行的梦想。40年后，事业有成的史密斯到过世界上的很多地方旅行，可是对于他最希望去的埃及，却始终没有涉足，作为一个虔诚的基督徒，他一直记得当年已经卖出了这个梦想。可是他和妻子非常希望能够去埃及旅行，于是他向法院递交了那份著名的诉状，要求赎回自己的梦想。

一段时间后，法院的判决认为，那个梦想现在已经价值3000万美元了，这意味着史密斯要想将它赎回去，就要倾家荡产。法院判决的依据是吉米的答辩状，上面说："在接到史密斯先生的律师送来的诉状时，我和家人正打算到埃及去旅行，不过这并不是我拒绝史密斯先生要求的理由，真正的理由是这个梦想自身的价值。我从小就是一个穷孩子，甚至连一个梦想都不敢奢望，可是自从用3美分买到了史密斯先生的那个梦想后，我的心就开始变得富有，我有了自己的梦想，于是我不再淘气贪玩，而是开始努力学习，一点时间也不浪费，就是这种努力使我最后考上了华盛顿大学。在大学里，为了我的梦想我经常在图书馆里查阅有关埃及的资料，因而遇见了一个同样喜欢埃及的姑娘，后来，她成了我的妻子。我儿子小的时候，我告诉他说，我的梦想是去埃及，如果你努力学习、成绩优秀的话，我就带你一起去那个美丽而神秘的地方，儿子为这个许诺所吸引，走进了斯坦福大学。如今，我拥有超过2500万美元的资产，我想，如果不是那个到埃及旅行的梦想，我也不会有今天，因此，尊敬的法官和陪审团，我相信你们也会认为，这个梦想融入了我的生命，与我息息相关，它是我这一生最大的宝藏，它是无价的。"

接到了判决书的史密斯发誓，说就算花更多的钱，他也一定要将自己的梦想赎回来，因为他刚刚明白，梦想是人生命中最珍贵的东西。

很多人认为，花3000万美元赎回一个梦想实在太不值得了，可是故事的主人公却一定要将它赎回来，因为他懂得梦想的意义：现在的行动固然会决定未来，然而对未来的期望，也决定着我们的现在。

Life

上帝不会亏待任何一个孩子

人们常说，成功没有近路可走，只能依靠一步一个脚印的努力来达成。如果我们一定要为成功找出一条捷径来的话，那就非“专注”莫属——谁能在自己的路上专心致志，谁就能走得最快最好，最先到达终点。

有一个孩子天生智障，他性情暴躁，总是不停地哭闹，把放在手边的东西全都扯碎或者砸坏，没人能让他安静下来，见到这个孩子的人都觉得他令人厌烦，连他的父母也常常不耐烦。父亲几次起了念头，想把他送到福利院去，可是一直狠不下心来。6岁的时候，这个孩子仍然不会说话，他甚至无法正常地读出一个单词，在人们的冷眼下，他越来越害怕看见生人。对这种情况，医生也无奈地说：“他得了自闭症，我们没有办法。”无奈之下，父母将孩子送到了为情绪失调儿童设立的教养中心，希望在那里他能渐渐好转，可是在那家儿童教养中心里，他常常忽然在课堂上尖声大叫，一再使身边的其他儿童受到惊吓，就算不叫的时候，他也总是抓起又丢掉手边的玩具，一刻也不安静，因此老师们也都不喜欢他，他们都认为这孩子已经不可救药了。

这一天，孩子在地上捡到了一支彩笔，就在地上画了一条线，他对这支笔和这条线很感兴趣，就拿着笔一直在地上画线，没有人注意他，也没有人阻止他。当他第二天继续画的时候，一位老师发现了，他很惊讶地喊道："天啊，你们看，他竟然在画画！"其实这些线条根本不能算是画，只是一个个或圆或方的图案，但是比起这孩子以前的行为，这已经是令人惊讶的改变了。于是老师为他铺了几张白纸，又给了他几支不同颜色的彩笔，让他继续画画。以后，这孩子每天都拿着自己的彩笔一刻不停地画着，除了睡觉以外，他所有的时间都用来画画……他就这样沉浸在自己的绘画世界里。

10年以后，他的画在拍卖会上意外地卖出了不错的价钱，而且得到了很多画家的好评，而这个苏格兰智障孩子的名字——理查·范辅乐也很快就家喻户晓，他的作品几年间卖出了上千幅，每幅的价格都在2000美元左右。当人们感叹一个智障孩子竟然有着这样的绘画天赋时，总是忘记了事情的另一面：在这个孩子的眼睛里，从来都没有别的东西，只有自己手中的彩笔和白纸，即使在他吃饭睡觉的时候，也从不放下，生活中谁能做到这样呢？

有一位名叫布罗迪的英国教师，有一年，当他整理自己的旧物时，发现了一箱皮特金幼儿园B（2）班的练习册，上面都是这个班孩子们的作文，作文题目是：未来我是……布罗迪以为这些东西早在战争时期就被毁掉了，没想到还留了一箱，而且距离现在已经有50年了。

闲来无事的布罗迪随手翻开这些作文，很快就被里面孩子们所表达出的奇思妙想吸引了。有个孩子说同学们只能背出六七个法国城市的名字，而自己能背出25个，所以自己肯定会是法国总统；还有个孩子说自己有一次游泳的时候不小心游得太远，最后足足喝了两升海水，最后却安全回到了岸边，所以他会成为一个海军；还有一个眼睛盲了的孩子，名叫戴维，他在作文里说英国历史上还没有一个盲人进入过内阁，所以自己一定要当英国的内阁大臣……

孩子们对自己未来的期望各不相同，千奇百怪，有的要当驯兽师，有的要当探险者，还有的竟然想当王妃，读着这些作文的布罗迪心中忽然产生了一个想法：何不把这些作文寄给它们的主人，让他们看看自己50年前的梦想是什么呢？于是，布罗迪在当地的一家报纸上发布了一则启事，接下来的几天中，书信从各地纷纷涌来，写信的人有的是成功的商人或者学者，有的是政府官员，大多数只是平凡的普通人，他们都表示希望得到自己当年的作文本，看看自己50年前的愿望是什么。布罗迪就按照来信的地址，把那些练习册一一寄了出去。

一年以后，布罗迪身边只剩下一本练习册没人索要，那就是盲眼孩子戴维的那本，布罗迪心想：戴维也许已经去世了，也许他并不关心自己儿时的梦想。就在他准备把最后的这本练习册束之高阁的时候，内阁大臣布伦克特写来一封信，信中说："谢谢您这么多年来还为我们保存着自己幼时的梦想，我叫戴维，不过我并不需要那本练习册，因为从写下那篇作文的那天起，我的梦想就一直在心里珍藏着，从来没有淡忘过。现在，50年后，我已经实现了当初的梦想，而且我还想告诉其他同学：不要让岁月流逝带走你的梦想，那么成功就会走到你面前。"

这封来自英国第一位盲人大臣布伦克特的信后来在《太阳报》上发表出来，他也用自己的亲身经历向人们证明：能把孩童时的梦想坚持50年的人，一定会成功。种下一颗梦想的种子并不难，难的是几十年如一日，日日专心地浇灌和呵护，只有怀有始终坚定不变的心，才能种出茂盛的梦想之树，收获愿望的甜美果实。

Life

让诚信变成你的骨骼

如果说梦想是人生的羽翼，那么诚信便是支撑这羽翼的骨骼，它是一座高楼的基石，是一道水流的河床，是一个风筝的骨架，是一辆汽车的轮胎。

诚信这种品格被人强调得太多了，以至于在我们心里它就像一句每天都上演几遍的广告词一样，听到的时候无法在心里激起任何涟漪，不过，正如大多数常谈的老调一样，它也是一句被生活无数次证实过的真理。

福克斯是墨西哥的前总统，这位总统最被人称道的品质就是诚信，也就是这一品质让他得到了国人的尊重和信任，让他一步步从一个普通的推销员，走上了总统的位置。

有一次，福克斯在一所著名的大学演讲，演讲结束后，一个学生提问说："众所周知，政坛是一个充满了谎言和欺诈的地方，那么你从政多年，是否也说过谎话呢？"福克斯很坚定地说："没有。”学生们马上开始交头接耳、低声嘲笑，因为每个被问到的政客都会这样回答，可那并不代表事实，甚至恰恰相反。福克斯对学生们的嘲讽并没有生气，而是接着说了一段话：“我知道我很难向你们证明我确实从没说过谎话，但是你们应该相信，诚实是确实存在的，我们的身边有很多诚实的人。让我给你们讲一个故事，这个故事很简单，可是对我来说，却意义深远。”于是福克斯讲了这样一个故事：

有一个孩子，父亲是一个农场主，这一天，父亲觉得院子里的亭子太过破旧，想要把它拆掉，正准备上学的儿子听说了，很想看看拆亭子是什么样子，就对父亲说：“爸爸，你等我周末回来再拆行吗？我也想看看他们会怎么拆。”父亲点点头答应了。可是儿子走后没多久，父亲先前找的工人就到了农场，父亲忘了和儿子刚才的对话，很快拆掉了亭子。到了周末儿子回到家里，一眼就看到亭子已经没有了，他找到父亲，有点埋怨地说：“爸爸，你为什么说谎？”父亲很惊讶，儿子继续说：“你答应过我，要等我回来才拆那座亭子的。”父亲恍然大悟，想了想对儿子说：“孩子，这是我的错误，我答应过你的事，我会兑现的。”于是父亲重新找来了工人，请他们在原来的地方照原样建了一座新的亭子，当亭子建好后，父亲找来了儿子，然后指着亭子对工人们说：“麻烦你们再把它拆掉。”

福克斯说：“故事里的父亲并不富裕，可是他坚定地践行了自己的承诺。”学生们纷纷感兴趣地问这位父亲到底是谁，希望能够认识他。福克斯回答说：“这位父亲早已经去世了，可是他的儿子还在。”“那么他的儿子是谁呢？有这样的父亲，儿子也一定是一个诚实守信的人。”福克斯微微一笑，淡淡地说：“他的儿子叫福克斯，是墨西哥的总统，现在就站在这里。”面对学生们惊讶和敬佩的眼神，他接着说，“我想让你们知道，我一定会用当年我父亲对待我的心，来对待每一位墨西哥人民。”台下顿时响起雷鸣般的掌声，经久不息。

这位父亲不惜重新建一座亭子再拆掉，不仅仅是为了满足孩子的愿望，更是为了完成自己曾经答应过的事情。是啊，一个希望得到别人认可和尊重的人，会不惜牺牲巨大的代价来维护自己诚信的原则，因为他懂得，失信于人会让很多原本简单的事情变得不可能，从而带来更大的损失。如果拆掉一座亭子就能在孩子的心里建立起诚信的概念，那么我们又何乐而不为呢？

诚信让彼此值得信赖，诚信让彼此心灵靠得更近。只要你我都能以诚相待，世界真的将会充满了爱。

梦想常在回眸间

《诗经》里曾有一位男子对女子感叹说："不是我不想你，实在是你住得太远了。"评论家们就此讽刺：其实还是不想，否则怎么会嫌远。我们的梦想也正是如此，不是它太远，而是我们的决心不够。

有一位乡村邮递员名叫薛瓦勒，因为工作的缘故，他需要每天奔走在各个小村镇之间，日子过得很枯燥。这一天，他在路上被一块石头绊倒了，回头看时，发现这块石头样子很特别，薛瓦勒看来看去，越看越觉得这块石头很美丽，就把它装在了自己的包里。到了送信的地方，人们看到他的包里居然还装着一块大石头，都很好奇，问他为什么走这么远的路还要背着一块石头，薛瓦勒把石头拿出来给众人看，不无得意地说："这块石头多漂亮啊，你们见过这么好看的石头吗？"人们哄然大笑起来："这种石头路边多得是，要是每一个你都捡回去，恐怕一辈子也捡不完。”

这番话却让薛瓦勒心中产生了一个念头：要是用这些好看的石头建一座城堡，那一定会非常美丽！于是他坚持每天在送信的途中都捡几块自己觉得好看的石头回来，没过多久就堆了一大堆，可是要建一座城堡的话，这些石头还是太少了。薛瓦勒开始推着独轮车送信，每次遇到自己喜欢的石头就装在车上，白天他就是个送信兼搬运的苦力，而晚上，他就发挥自己丰富的想象力，用这些石头建造自己心中的城堡。

听说这件事的人们都笑薛瓦勒简直是疯了，一个人怎么能靠捡石头建起城堡？可是二十多年过去了，薛瓦勒的房子附近出现了很多大大小小的城堡，这些城堡的风格各不相同，有童话一样高耸的，也有小屋一样精巧可爱的。当地人都知道薛瓦勒是一个沉默而固执的人，多年来像个孩子一样堆着城堡，他们每每说到这件事都感到好笑。直到1905年，一个法国记者偶然发现了这些城堡，他对自己见到的这些建筑惊叹不已，专门写了一篇文章来介绍。从此以后，薛瓦勒变成了一个广为人知的新闻人物，各国的游客蜂拥而至，欣赏他的城堡群，就连毕加索也曾前往参观。如今，这个被称为“邮递员薛瓦勒之理想宫殿”的城堡群已经变成了法国最著名的旅游点之一，在城堡的石头上，到处可见薛瓦勒当年刻下的话语，就在入口处的一块大石头上，薛瓦勒留下了这样一句话：“我想知道，当一块石头有了愿望时，它能走多远。”据说，这块石头就是当年薛瓦勒所收集的第一块石头。

1968年，舒乐博士产生了一个念头：他决心要在加州建造一座水晶教堂，整体全用玻璃构建，于是他找到了当时著名的设计师菲利普·约翰逊，对他说："我的目标不是普通教堂，而是要让它成为一座非凡的人间天堂。"可是当约翰逊询问他的预算时，舒乐博士轻松愉快地回答说："我现在一点儿钱也没有，所以无论你提出多少预算都可以，对我来说并没有区别，不过你的设计要让教堂本身有足够的魅力，这样我才好去筹集捐款。"最终约翰逊给出了700万美元的预算，对于舒乐博士来说，这简直是一个天文数字，不过他的表现仅仅是耸了耸肩膀。回到家里以后，舒乐博士在桌上展开一张白纸，然后慢慢写下了这些内容：

"筹集1笔700万美元——筹集7笔100万美元——筹集14笔50万美元——筹集28笔25万美元——筹集70笔10万美元——筹集100笔7万美元——筹集140笔5万美元——筹集700笔1万美元——以每扇700美元的价格卖出1万扇窗户。"

经过这样一番分解计算，舒乐博士有了信心，第二天他就带着水晶大教堂精美的模型开始了自己筹集捐款的历程。两个月后，他终于说服了一位名叫约翰·克林的富商，得到了第一笔100万美元的捐款；5天后，一对农民夫妇捐了1000美元；3个月后，一位被舒乐的精神感动的陌生人在生日那天寄给了他一张100万美元的支票；8个月后，一位富翁承诺只要舒乐博士能凭借自己的努力筹集到前面的600万美元，那么他就会支付剩下的100万美元；在这之后的第二天，舒乐博士发布了公告，每个人都可以名誉认购水晶大教堂的窗户，每扇700美元，可以在10个月内通过每个月支付70美元的办法分期付款，6个月后，他就售出了全部1万扇窗户。

1980年秋天，建造了12年的水晶大教堂终于竣工了，这座教堂可以容纳一万多人，被视为世界建筑史上的一个奇迹，每年都有大量的游客前往加州参观。而教堂的最终造价远远超出了预算，达到2000万美元，这笔巨款全部由舒乐博士一个人一笔一笔筹集来的。

让我们把自己的梦想也想象成这座水晶大教堂吧，然后展开一张纸，为这梦想写下我们能想到的几个或者几十个实现的方法，当方法越来越多时，我们就会从中找到合适的几个，那时就能发现，其实，梦想实现起来并不艰难。

Life

机会不会在原地等你

人们常说，机不可失，时不再来。的确，机遇既像天边的一颗流星，也像风中的一缕花香，转瞬即逝，不容你细细打量、慢慢思考，因此当它从我们身边经过时，一定要将它牢牢握在手里，否则一旦错过了，你可能永远也没有机会再见到它。

大多数机会到来时，并不会高举着“我是机会”的牌子，引起你的注意，它就暗藏在每一个看似不经意的小细节里，在那一瞬间，你抓住了它，它就是你的。

有一个女孩相貌美丽、性格温柔，在大学期间一直有好几个男生同时暗恋她。就在毕业离校的这天，男生们一起送女孩上火车，她要回到自己遥远的家乡去，他们都知道，这一别可能就再也不会相见了。眼看火车就要开动了，女孩看着几个男生欲言又止的神情，笑着说：“你们是不是舍不得我走啊？要是真的舍不得，就上车来和我一起走啊！”

男生们面面相觑，心中都如一团乱麻，不知道该怎么办，心想也许女孩只是在开玩笑吧？可是就在列车员要收起车梯的时候，一个男孩忽然抓住了火车的扶手，一下子跃上了车，冲到了正要返回车厢的女孩身边，紧紧拉住了她的手。女孩没有拒绝，只是静静地看着他，眼角带着泪光，嘴却咧开笑了。

站在站台上的几个男生都被那男孩的动作惊呆了，他们愣愣地看着他上了火车拉住女孩，有一个男生顿时后悔了，可是就在他也想上车的时候，火车已经关上门，渐渐开出了站台，终于驶出了他们的视线。

两年后，女孩和男孩举行了婚礼，当年暗恋她的那几个男生都到场了，他们看着女孩明媚的笑脸，半开玩笑地问：“你什么时候喜欢上他的？是不是你们早就相恋了，却瞒着我们啊？”女孩摇摇头：“没有，我就是在他一下子跳上火车的那一刻爱上他的。”顿了一下，女孩笑着问道，“你们那时怎么不上车来呢？”一个男生说：“我以为你是开玩笑的。”另一个男生说：“当时时间太紧了，我根本没时间想清楚。”还有一个男生说：“我当时什么准备也没有，想着就算要去你的家乡找你，以后也还会有机会的。”

几个人分别说着各自的理由，然后彼此看了看，苦笑了一下，心想：理由虽然多，可是没想到火车不会停留，女孩的心也不会永远等在原地。

是啊，机会就像车厢中站着的女孩一样，只有果断而奋不顾身的人，才能俘获她的芳心。其实，包括爱情在内，我们生命中的所得和所失，往往都是在那么短暂的一刻中决定了的，如果不想看着承载着机会的火车从我们眼前开走，那么就勇敢果决地跳上车厢去吧!

小素大学毕业后，在市里一家广播电台工作，主持一个热线节目。她每天早上都在18路车的站牌前等车，半年过后，有一天她忽然发现等车的时候多了一道注视自己的目光，当她回过头去看时，发现一个高大帅气的男孩迅速转开了头，收回了自己的目光。小素没有多想，她知道自己相貌还算美丽，也许对方只是无意看看罢了。

到了单位后，一个年轻的同事笑着告诉她，有一个男孩非常喜欢她的节目，很想认识她，还专门到单位来打听她的事情，小素听了只是笑了笑，这年头有这样的事情也不奇怪，对方多半三天热度，说不定一看见自己就马上不喜欢了。可是在不久后的一次聚会上，那位同事偷偷给她指了指不远处的一个人，说那就是到单位来打听你事情的男孩，小素一看就愣住了，那张帅气的脸很熟悉，原来就是那天在公交车站看见的那个男孩。

从此以后，小素每天等公交车的时候，都会很细心地观察周围的人。果然，男孩常常会出现在不远处的人群中，默默地看着她的背影。小素也偷偷打量着男孩，他举手投足间都透出一股优雅，每次接触到他的目光，小素都不由得一阵心跳。两个月过去了，男孩每天早上都会出现，然后和小素坐一趟车，有时小素在等车的时候忍不住想去跟他说说话，可是始终磨不开面子。

这一天，18路汽车的人比往常少一些，小素最后上车时，看到男孩就坐在那里，他身边的位置上没有人。看到小素走过来，男孩慌慌忙忙地站了起来，红着脸低声对她说："坐这里吧。"小素的心怦怦直跳，面红过耳，但非常开心，可是矜持的习惯还是让她假装淡淡地说："谢谢，不过我还是坐在后面吧。"然后慢慢地走到了车厢后面，当她转过头来时，发现男孩一脸尴尬愣在那里，身边的座位上已经坐了一位年轻人。

小素有些内疚，她其实很喜欢这个男孩，于是她打定主意，等到男孩身边的座位空下来时，她就走过去坐，可是一站一站过去了，直到下车时，那个座位始终没有空出来，小素只好失望地下了车，心想明天我一定会主动和他说话。

可是第二天和以后的每一天，小素都再也没在站牌下见到那个男孩，她继续做着自己的主持工作，可是心里始终空荡荡的。她常常为别人解开心中感情的结，可是面对自己的感情，却不知如何是好。终于有一天，小素忍不住在自己主持的节目里读了一个故事，一个关于18路公交车上错失美好的故事，她的声音和以往一样温柔优雅，充满感情。

在收音机的另一端，一如既往收听节目的男孩愣住了，他知道故事里的男孩就是自己。他想起了自己两年前为了见到这个有着温柔声音的女孩，每天大老远坐车过去在她等车的地方等她，然后和她坐一趟车，再赶回自己单位上班的事情。然而就在那次让座被她拒绝之后，他以为她不喜欢自己，于是再也没有去过那里。

男孩这时才知道，原来她是喜欢自己的，他心中涌起了冲动，想要打电话给她，正在这时，身边的新婚妻子泪眼婆娑地靠在他的肩头，感动地说："这个故事好伤感啊，幸好我们没有错过彼此。"

一个座位，坐还是不坐，就能改写整个故事的结局，可以变成一段佳话，也可以成为一生的遗憾和隐痛。因此，当有一个空位在你面前时，切莫因为矜持或害羞让它擦肩而过。

Life

你可以像水一样从容

世间的万事万物，总是回环往复、曲折多变的，人生也并不是一条笔直的大道，能让你一眼望到头。此刻的欢喜雀跃往往会带来后来的悲伤惆怅，一时的平坦顺畅过后也常常是坎坷风霜，激流勇进固然是一种坚强，而懂得回旋甚至后退，也是一种智慧。

世间唯有流水最自由，走过的路最长，因为它遇到高山便会绕开，遇到沟壑便会填平，碰到小流便和它合并，遇见湖泊就融入其中，直到奔流入海，它也仍然可以变幻为云朵，走到更远的地方。

他从小就有当作家的理想，决心要考上大学的中文系，然后做一个职业作家。命运却和他开了一个玩笑。

13岁时，他的哥哥准备考师范学校，然而贫困的家庭不能同时供两个孩子一起读书，于是以卖树为生的父亲决定让年纪还小的他休学一年，等哥哥上了师范再让他继续读书。他知道家里的情况，点点头答应了。没想到这一年的停顿，让他的人生彻底脱离了他为自己设计的轨道。

当他20岁高中毕业时，由于种种原因，全国几所高等院校不得已大量削减了招生名额。这一年，整个学校4个班级只有不到10个人上了大学，他就这样与大学失之交臂。

高考结束后，他在痛苦中等待了两个月，等来的却是不被录取的通知。从此，他失去了自己的路，不知道该怎么走下去。连着好几个月，他每天夜里都从家里的破木床上滚落在地上，发出一声声惊叫。

一向沉默的父亲担心儿子这样下去会得精神病，一天，父亲对他说：“你知道山里的水是怎么流到山外的吗？”他不解地看着父亲，迷茫地摇了摇头。父亲接着说，“水第一次遇见山石，一定会冲上去撞击，但是撞一次冲不过去，它就会顺着山势的低洼处拐弯绕道流走。孩子，遇到大山一时冲不过去，就不如从旁边寻找别的出路，不管遇见石头，还是遇见深沟，只要水不停止流淌，就能积攒更多活水，迟早会从山里流出来的。”

父亲的话让他从迷茫痛苦中惊醒，于是他放弃了自己原来制订好的计划，到西安郊外的一个村里当了小学老师。1964年，他又在那个村里当了中学老师，就这样，几年后他成为当地文化馆的馆长。1982年的时候，他终于加入陕西省作家协会，成为一名作家。10年后，他将40年来的生活经验和见闻融会贯通，写出了一部如同史诗般优美慷慨、闻名全国的小说《白鹿原》。

他就是陈忠实，每当别人问起他是怎么面对当年的困难时，他都微笑着回答："只要像水一样流淌就行了。"

"像水一样流淌"，这句简单的话中蕴涵了多少人生的智慧。是啊，当前路不通时，硬碰硬只会浪费时间和精力，不如依据对方的劣势和我们的优势，去寻找别的突破口，就算冒险，就算走了更多路，但是最终会成功的。

一年夏天，他从美国的大学放假回到了香港，从事电影行业的父亲在剧组需要翻译的时候推荐了他，于是他在剧组里帮忙做点翻译，闲时也干点零活，写写场记什么的。他虽然年纪不大，但性格开朗，人也踏实肯干，剧组里的人都很喜欢这个年轻人，经常照顾他，就连剧组讨论时，也经常让他参加。

就这样，他逐渐表现出自己在电影拍摄方面的才华，时常提出很有见解和创意的看法，导演很看重他，只要能让他学习到东西，都很大方地为他提供机会。他对电影越来越有兴趣，就在暑假即将结束而他需要赶回美国，剧组里的人为他举行送别宴会时，他忽然作出了一个让所有人大跌眼镜的决定：他要放弃在美国的学业，投身到自己热爱的电影事业中来。

大家都很反对，认为他是一时的心血来潮，都劝他回到美国继续读书，可是他的心意非常坚定，在和父亲一番长谈之后，他说服了父亲。从那天起，他毅然放弃了美国的学业，没日没夜地在片场里忙碌起来。

他换过好几个剧组，由于毫无经验，受了不少嘲弄，也吃了很多苦头。渐渐地，他的才华开始显露，先后做过好几个导演的助手，并最终在他们的帮助下拍出了《双城故事》等文艺片，开始小有名气。

就在他的电影事业刚刚起步的时候，金融危机影响到了香港的电影业，文艺片更是受到了沉重的打击，他果断地离开了香港，去好莱坞发展。可是在好莱坞，他拍摄的文艺片反响很差，受了打击的他又返回了香港。当时，很多电影界人士都转行了，而他却涉足了自己从来没做过的商业电影，当所有人都以为他会失败的时候，他的电影却很好地迎合了人们的喜好，获得了巨大的成功。

在那之后的几年中，面对香港电影持续低迷的情况，他不停地变换着自己的选择，从爱情片到惊悚片，从《金鸡2》到《见鬼》，还有接下来的《如果·爱》，他每次转型都符合了当时的潮流，取得了一连串的业绩。2007年，他拍摄的一部战争题材的电影《投名状》，赢得了各方的好评，为他带来了更大的成功，而他也成了亚洲关注度最高的导演之一，他就是阿克辛。

在一次访谈节目中，他说："一条河笔直地流淌下去，又怎么能流进大海？我当年放弃学业，是为了追寻更好的梦想，而后来的电影转型，也是为了赢得更好的票房。正是有了变通，才有了今天的我。"

要明白我们自己的优势在哪里，也要明白时势走向何方，既然我们的路并不平坦，那么就学会变通，学会适应人生不同阶段的不同环境，山如果不来找我，那么我们便去找山，又有何妨？

你可以勇往直前，独立前行，但不要盲目冲动，一意孤行。在追逐理想的路上，懂得进退，难能可贵。适当的求救，还是必要的。

Life

人生是一场自己与自己的较量

在人生的大道上，没有走进岔路口，就相当于走在了正确的路上；在努力奋斗的过程中，减少错误的发生，就相当于增加了我们的成就；在生活的比赛中，战胜对手固然并不容易，然而只要我们减少自己的失误，无疑就已经立于不败之地了。

一位成就卓著的棋手退役之后，选择做教练，培训青少年棋手。一般训练该年龄段的棋手时，首先要传授布局谋略，然后开始练习进攻防守，而他采用了截然不同的方式。在每日的训练课程中，他要求棋手们分别与自己对弈，结束后就命令棋手默记对弈过程中自己落的每一步棋，尤其是要写出过程中的失误。每天训练结束后，他并不奖励表现出色或者取得胜利的棋手，而是奖励那些在棋局后能够找出自己失误最多的棋手。

久而久之，棋手们开始出现了不满情绪，大家纷纷质疑教练所采用的训练方法，认为这种方法只限于自己寻找自己的错误，再加以更正，而完全没有给予任何技术以及谋略方面的指导。面对众多指责以及棋手们与日俱增的不满，这位教练并没有给出解释，依旧坚持着自己的教导方式。在对弈中，他总是任由棋手发挥，可是只要棋手及时找出自己的错误并作出相应调整，都会获得褒奖。

一段时间过后，棋手们的状态开始发生变化。最初与教练对弈，他们总会在事后发现几十处大小不一的错误，到了后来，他们在对局中所犯的错误越来越少，有时甚至不会出现一个错误。棋手们对这种改变颇感欣慰，认为教练的初步训练目标已经实现，于是他们再次要求教练传授对弈中的布局、进攻、防守以及套路，他们更注重对手，认为应该针对对手来提高自己，而不是一味在自己身上下功夫。可是出人意料的是，教练再次驳回了棋手们的请求："弈棋之道无所谓布局、策略，成为此中高手的前提在于发现自己的破绽并在对局中尽量避免失误，完善自己。"

棋手们带着怀疑的心理继续这样的训练，当他们终于有机会参加比赛时，面对一些成名的前辈，这些棋手以令人惊讶的表现取得了骄人战绩。败下阵来的前辈高手在总结自己的失败时，这样说道："这些后起之秀的棋路非常老辣，在青年棋手中极为罕见，因为你很难在他们的棋路中找到失误，他们取得胜利的最大武器就是他们几乎没有破绽。"

富兰克林作为美国历史上知名的外交家，一向为人称道。他曾经写了一本自传，描述自己怎样从年轻时的浮躁、好辩慢慢变成后来的谦虚、温和。

当富兰克林还很年轻的时候，喜欢和人争论、教训人，直到有一天，一位老朋友实在看不下去了，严厉地对他说："本，你有没有发现你快没有朋友了？因为你太喜欢打击和教训人了，你的意见也太多了，你的朋友都发现只要你在场，他们就很难感到愉快或者自在。而且你太不谦逊了，你表现得好像什么都知道了，别人的意见对你来说毫无用处，所以也没人再愿意告诉你什么，因为你根本不会接受，可是事实上，你知道的实在太少了。"

这番教训犹如当头一棒敲醒了富兰克林，他回到家深深地反省了自己平时的做法和对待别人的态度，果然像这位老朋友所说的那样，自己如果这样继续下去，迟早会落得孤家寡人的下场。于是，他下定决心改变自己。

就这样，富兰克林为自己定了一条规矩，他决心改变自己武断的说话方式，坚决不准自己用"一定""当然"等太过于坚持、肯定的字眼，而是将这些说法一律换成"我想""可能是""我觉得它是如此"等缓和的说法。

当他觉得别人的话或者做法自己并不赞同的时候，他再也不马上纠正对方的错误或者是反驳，而是温和地说："我想您的看法在某些情况下是对的，不过就眼前这件事来说，可能不是很对。"

富兰克林在自传里叙述了当他改变态度后所得到的收获。他和朋友们谈话时的气氛越来越融洽了，而且朋友们也更愿意接受他的意见了，每当他在某些地方做错时，也常常有人好心地告诉他，他再也没有遇到过尴尬和难堪的场面。

富兰克林说："我的这种方法一开始确实和我自己的性格不太符合，所以比较勉强，但是时间久了就习惯了，真正变成了我的性格之一。这几十年来，我再也没说过什么过于武断的话，我遣词造句时总是很小心谨慎，我常常说错话，根本谈不上善于雄辩，可是每当我提交一项法案，或者修改什么条款时，总是能得到很多人的支持，也具有一定的影响力，也许就是因为这个原因。"

减少错误就是成功，而减少敌对就是获得支持，富兰克林也承认，有些方法和自己的本性不符，可是坚持一段时间，它就会变成自然而然的习惯了。我们也能如此克服自己的缺点。

Life

让思想拐个弯

有时，一条看起来不通的路，走到尽头才发现原来它只是有个弯。我们的思想也一样，当一条路看起来行不通时，不妨试着拐个弯，换种方式想问题可能就会迎刃而解，这正是：“山重水复疑无路，柳暗花明又一村。”

美国通用汽车公司的售后部门曾经收到过一封信，信上说：“我这是第二次写信了，我也可以理解为什么第一次的那封信你们没有回，因为我知道我提出的问题听起来确实令人难以置信，可是它就是事实。事情是这样的，我的家人有每天晚餐过后吃冰激凌的习惯，并且通常都是我开车出去买，至于买什么口味的临时再决定。自从我买了贵公司生产的一辆庞蒂亚克后，去买冰激凌时常常会遇到一个奇怪的问题——只要我买的冰激凌是香草味的，从店里出来后汽车就发动不起来，而买别的口味的都没有发生过这种事情。这事听起来的确匪夷所思，但是我已经遇到过很多次了，请问，这到底是怎么回事？”

售后主管见到这封信后，虽然觉得不大可能，但还是派了一位技术人员到那位顾客的家里去检查一下车子。技术人员在晚饭时间到了顾客家里，刚好遇到顾客正要去买冰激凌，于是两个人一起上了车，到了冰激凌店，顾客专门买了香草味的冰激凌。果然，汽车无法发动。接下来的3天里，这位技术人员每晚都同去买冰激凌，事实证明，顾客说得没错，只要是香草味的冰激凌，就会发生车子无法发动的事。

技术人员百思不得其解，他坚决不相信汽车自己会讨厌香草味，可是到底是怎么回事呢？他下决心一定要搞清楚这个问题，于是他把汽车从家里开出来，然后到达冰激凌店再回来，他对整个过程中的每一个细节都经过了一番仔细探究，严格计算了中间的时间并考察了当时的路况、天气、温度等各种条件。最后，他得出了一个结论——这辆汽车的蒸汽锁散热有问题。

根据观察，技术人员发现，那位顾客每次购买香草味冰激凌的时候，所花的时间都比较短，因为这种口味最畅销，店家准备的量大，而且放在柜台的前边。正因为买香草味的冰激凌所需要的时间短，熄火后汽车的引擎太热，没有足够的时间让蒸汽锁散热，直接导致了汽车不能发动。而买其他口味的冰激凌需要的时间相对长一些，散热比较充分，汽车就可以再次发动。

问题原来是这么简单。

是啊，香草味冰激凌会导致车子不能发动，这件事听起来就像一个故事一样令人难以置信，这却是事实，理解这个事实所需要的，不过是认真研究一下过程罢了。

早年，土地辽阔的澳洲是英国人流放罪犯的地方，当时有很多私人船主向政府承包运送犯人的工作，报酬是按照上船时的人数来计算的。那时那些船只非常陈旧，设施也简陋，更没有任何医疗人员和药品储备，条件恶劣。

船主们为了牟利，每只船上尽量多装犯人，一旦犯人上了船，他们拿到了钱，就对犯人们不管不顾了，有时甚至会拒绝提供饮水和食物。在最初的几年间，从英国运往澳洲的犯人死亡率极高，达到了12%，在最严重的一次死亡事件中，一艘船上的犯人共有424名，到达后，竟然死了158名之多。英国民众对此大为不满，政府也受到不小的经济以及人力损失，于是政府在每条船上都派了一个官员和一个医生，而且硬性规定了犯人们的生活条件。

这种办法并没有起到什么效果，犯人的死亡率仍然居高不下，有的监督官和医生也跟着莫名其妙地死了。不久后，政府查明了事情的真相，原来，船主们为了谋取利益，一般会对派来的官员行贿，如果这位官员不愿意与他们同流合污，就会被扔进海里。政府为了惩戒这种行为，制裁了一些船主，可是事情仍然没有好转。

最后，有人想出了一个办法，这些私人船主之所以不管犯人的死活，是因为他们的报酬是按照上船人数来确定的，中途有没有死人对他们毫无影响。所以，只要改变这种计算报酬的方式，换成以到达澳洲时的人数来计酬，那么船主们就会想方设法减少犯人的死亡率。政府采用了这个办法，果然，用了新的计酬方式后，船主们主动聘请了随船医生，也储备了不少药物，并且为犯人们提供了充足的饮水和食物，因为每死一个犯人，就意味着船主们会损失一份收入，所以他们想尽一切办法让犯人们能健康地到达澳洲。一段时间之后，当政府再次调查犯人的死亡率时，发现新办法实行后，犯人的死亡率已经降到了1%以下，而运送人数相对较少的船只，在几个月的航行中，竟然大多一个人都没有死。

有些事情只要打破常规，换一种想法就会变得非常简单，可是面对传统和积习，你能想到要换一种方法去思考吗？是的，难的不是路不好走，而是我们不会让思想拐弯。

Life

实力是抓住机遇的手

机遇不会像一个客人那样，站在门前敲门，等待有人开门迎接它。恰恰相反，它是一件不可捉摸的宝贝，常常无声无息就悄悄溜走了。因此，如果没有一双坚强的手，就无法牢牢抓住它。

他生长在台湾，从小就在爷爷的影响下喜欢中国的古典诗词。小时候，爷爷问起他长大后要做什么时，他总是说要当一个诗人。后来当他长大了一些，开始对电影感兴趣，爷爷再问他长大要做什么时，他会说："我要当一个导演！"

他的家庭很一般，父母没有很多钱来资助他实现理想，所以他做过一段时间防盗器材的推销员，也送过外卖。在那些辛苦打拼的岁月里，他始终没忘记自己的理想，也深知自己对之还并不了解，于是他总是关心着电影界的消息，对每一部被称为经典的影片都一看再看，仔细研究，对那些知名导演的作品，他都非常熟悉。他也写过一些剧本，却始终无人问津。

当时整个台湾的电影事业都在走下坡路，他不得已转而渐渐地迷上了歌词创作。他写过很多歌词，分别寄给了各种唱片公司和歌手，常常一寄就是几百份，可是一直都没有回音，然而他对自己充满信心，相信自己所缺少的只是一个机会。

终于，这个机会来了。一个深夜，他被电话铃声从梦中吵醒，对方竟然是著名的电视节目人吴宗宪！原来吴宗宪看了他寄去的歌词很感兴趣，邀请他到自己的工作室任职。他激动极了，整夜都无法入睡，趁着夜色又写下了两首新词。第二天，当他和吴宗宪见面之后，二人相见恨晚，谈话非常融洽。从此，他成为专门的词作者。

没过多久，命运再次给了他一个机会，吴宗宪的工作室来了一位擅长作曲的音乐人——周杰伦。吴宗宪手下的十几个词作者中，只有他的词最受周杰伦喜欢。没过多久，他就成了周杰伦的“御用词人”，两人的配合非常默契。当周杰伦想要一点李小龙的精神时，他就创作了《双截棍》；当周杰伦想要一点中国风时，他就写了《东风破》。就这样，这对黄金搭档彼此互补，成就了彼此的成功，双双被台湾阿尔法唱片公司收到门下，得到了无限的发展空间。

他就是方文山，他为周杰伦创作的歌词风格独特，具有与众不同的韵味，有专家说：“方文山是一个值得研究的文化现象。”

成功后的方文山依旧和以前一样低调，只是专心地写着歌词。

他在《演好你自己的偶像剧》一书中，曾经说道：“机会比实力重要。但是实力不够的时候，一定会流失机会。没有实力，你就没有足够的力量去抓住机遇的手。”

的确，像人们常说的那样，机遇只偏爱那些有准备的人，有时候，它恰似一个站在彩楼上招亲的公主抛下来的绣球，如果你想要抓住它，就必须卓尔不群。

这一天，一位商场经理在营业结束后考察几个新来的售货员的销售情况，前几个的业绩都算不错，分别接待了七八位客人。他在问到最后一位售货员今天接待了几位顾客时，售货员回答：“只有一位。”经理皱了皱眉头：“只有一位吗？”售货员点点头，经理又问：“那么你售出了多少钱的东西？”售货员回答：“5.8436万美元。”

经理愣住了，然后带着难以置信的口气询问这位售货员到底卖出了什么东西竟然有这么多钱。售货员回答说：“一开始，我卖给了那位男士一个鱼钩，然后又向他推荐了我们的钓鱼竿和收线卷轴。我问他喜欢去什么地方钓鱼，他说他喜欢去海边，所以我就对他说那样的话买一艘船会比较方便，他就买了一艘小汽艇。汽艇运来时，我推荐他再到商场的汽车部那里买一辆小型货车，这样可以把汽艇拉到海边去，他同意了。”

经理目瞪口呆，半天才又问：“那位顾客本来是来买一个鱼钩的，然后你真的把这么多东西都卖给了他？”售货员摇了摇头：“不是，他是到隔壁卖药的柜台上买药的，我听到他说他的夫人一直患有偏头痛，所以我就对他说：‘先生，总是吃止痛药并不是个好主意，我想如果您每个周末都带着您的夫人去钓钓鱼，呼吸一下新鲜空气，那对她的健康会非常有益的。’然后他就到这边来看了看鱼钩。”

就像这个售货员一样，走过他身边的每一个人，对他来说都是一次机会。我们用来抓住机遇的双手不仅要坚强有力，而且要足够灵巧，要善于在错综复杂的情况下机智地顺藤摸瓜，也要善于在简单的情况下为自己创造机会。

Life

慢慢来，一切都来得及

每当我们走在路上时，总能看到大家迈着急匆匆的脚步赶路，仿佛有什么紧张的事情似的，其实如果你去问，大部分人并不是真的有很急的事，他们只是习惯于忙碌，习惯于做忙碌人群中的一员，并且把这当作活在这个世界上的一件理所当然的事情。

有很多事情是很简单的，只要我们放轻松，或者仔细思考一下再去行动，就能很快解决它。可是如果你既没先想一想，又紧张地想赶着做完它，往往会使它变得更复杂，需要更多劳动才能完成。

这天早上，琼斯买了一幅画想要钉在客厅的墙上，画很大，他就请了邻居前来帮忙。

他们把画在墙上摆好之后，当琼斯拿起钉子和锤子打算钉时，邻居对他说："这样不好看，我们应该先钉两块小木板上去，然后把画挂在木板上，外面就看不出来了。”琼斯想了想确实如此，于是两个人出去找木板，可是找了一块木板后，邻居说它太大了，于是到自己家里找了把小锯子来。刚锯了几下，邻居皱着眉头说：“不成，这锯子太钝了，锯起来太费劲，我们要找个锉子锉一下才好。”琼斯家刚好有个锉子，可是拿出来以后，却发现锉子把手掉了。邻居不甘心，又到门前的小树林里去寻找合适的小树砍下来好安装把手，但是他们两家都没有斧子，于是他自告奋勇到朋友家里去借斧子。

琼斯只好在家里等着邻居借斧子回来，可是直到下午了，邻居还是没有回来，于是琼斯一个人在墙上随便钉了两个钉子，把画挂在了上面，然后欣赏了一下，到朋友家去找邻居，请他不用忙碌了。

刚走到邻居家门前，他就看到邻居正和朋友一起抬着一个大电锯走出来，原来朋友家的斧子太钝了，为了做一个能架磨石的架子，他们要去砍一棵大树……

看了这个故事，再仔细想一想我们自己，是不是有时候也会做这样的事情？为了做好这件事，就要做好前面的一件事，然后又要做好再前面的另一件事，就这样一直忙碌下去，最后把自己原来的目的彻底丢在了脑后，根本不知道自己究竟在忙些什么了，还常常就此自鸣得意，以为这就是在追求完美。

小张和小谢都是名牌大学管理系毕业的高才生，毕业后，两个人同时进入一家企业工作。同样的资历，小谢常常得到领导的重用，小张却没有。小张对此很不满，私下里说了不少抱怨的话。

中秋节快到了，总经理把小张叫到了办公室，对他说："小张，麻烦你到南门的水产市场去看一看那里有没有大闸蟹。"小张心里很纳闷，这并不是自己工作范围之内的事情，不过他还是很快赶到了南门的市场。

半个小时后，小张赶回来了，心里还对自己的速度很得意，他对总经理说："我去看了，那里有不少卖大闸蟹的。"总经理接着问："是论斤卖的，还是论只卖的？价钱怎么样啊？"小张张口结舌，说不出话来，心里埋怨总经理怎么不一次都问完再派自己去，只好又跑了一趟。半个小时后，他再次满头大汗地走进了总经理的办公室，然后气喘吁吁地说："南门的大闸蟹60块钱一只，都是按只卖的。"

总经理点了点头，让他坐在办公室的沙发上休息一会儿，然后当着他的面把小谢叫进了办公室，对他说："小谢，麻烦你到南门的水产市场跑一趟，看看那里有没有大闸蟹。"小谢问道："总经理，买大闸蟹要做什么用？"总经理回答说："每年中秋节公司都发月饼，大家都不是很喜欢，所以今年我想换个花样试试。"

小谢答应了一声，然后转身便去了南门的市场，过了四十多分钟，小谢提着两只大闸蟹回来了，他对总经理说："经理，我去问了，那里的大闸蟹有两家比较好，都是阳澄湖大闸蟹，四两重的这种60块钱一只，6两重的90块钱一只。两家店主都说，要是买超过500只就可以打九折。有一家店主还答应，每三只大闸蟹就送一袋烹饪的调料。我想我们单位年轻人多，大家可能都不太会煮，送调料的比较合适，不如把4两重的每人送3只，正好带一包调料。要是您还打算送给各个部门的领导，可以选择6两重的这种，看起来更有分量。这不，两种我都拿了一只回来，您决定吧。”

总经理满意地点了点头，然后又很有深意地看了看坐在旁边恍然大悟的小张。没过多久，小谢得到了提升和重用，而这一次，只得到象征性鼓励的小张，再也没有口出怨言。

故事里的小张并不是不努力，可是他始终没搞清楚自己的目的所在，所以只是白忙一场。有一个成语叫“碌碌无为”，说的就是这样的事情。忙碌本身没什么不对，但是忙碌应该是有目的、有价值的，千万不要辛辛苦苦一生都在奔忙，却对自己奔忙的结果一无所知。

Life

人生没有什么不可能

世事无绝对，任何事情都会有峰回路转的时候。即使是“山重水复疑无路”，也可能会存在“柳暗花明又一村”。一切皆有可能，只要不放弃心中的梦想，总会守到拨开乌云见日出的那一天。

这是发生在旧金山的一个真实的故事：有一个小男孩，因为营养不良，得了软骨症。6岁的时候，他的腿成了O型腿，并严重萎缩。但他是一个坚强的人，即使腿有问题，他还是梦想自己有一天能成为美式橄榄球运动员。

他从小就是传奇人物吉姆·布朗的球迷，每当吉姆到旧金山比赛时，这个小男孩便不顾自己身体的不便，一瘸一瘸地去球场为自己的偶像加油。他很穷，买不起球场的门票，所以他每次进场都是在比赛快结束的时候，从工作人员通道偷偷地进去，去看自己的偶

当你发现生活与你捉迷藏的时候，不要生气和抱怨，或许它想给你一个最美的意外。因为你要相信一点：一切皆有可能！

像最后几分钟的表演。

这个小男孩13岁的时候，终于在一家店里近距离地见到了自己的偶像。他很自然地走到这位传奇人物面前，大声地说道："布朗先生，我是你忠实的球迷！"

吉姆很客气地向这个小男孩说了声"谢谢"。

小男孩又说道："布朗先生，你知道一件事吗？"

吉姆问道："小伙子，你所指的是什么事啊？"

小男孩神情自若地说："我知道你的每一次布阵，你的每一项纪录。"

吉姆很高兴地说道："真不简单。"

这时小男孩挺直胸膛，信心满满地说道："布朗先生，将来的某一天我会打破你的所有纪录！"

听了小男孩的话，吉姆并没有生气，他说："这孩子的口气好大啊。孩子，你叫什么？"

小男孩得意地笑了笑，说："我叫奥伦索·辛普森，别人都叫我O.J。"

奥伦索·辛普森在长大后终于实现了他少年时所说的话，在美式橄榄球场上改写了吉姆·布朗的所有纪录，也实现了自己的理想。

普尔西15岁时，他的父亲去世了，母亲带着他们兄妹俩投奔了远在罗马的舅舅。

可是舅舅家也不富裕，为了赚钱养家，普尔西只好到酒店做服务员。有一天回到家里，他对妈妈说自己以后再也不做服务员了。“为什么？”妈妈问。于是，普尔西讲了当晚的事情，原来他在上汤的时候不小心把汤溅到了客人的身上，被狠狠地骂了一顿，还被打了耳光。

听完普尔西的讲述，母亲严厉地说：“你说出这话就该挨耳光，你只想自己，想过那位被你溅到的顾客没有啊？也许一件名贵的衣服就这样被你毁了，你说人家能不生气吗？你没有想过做一个优秀的服务生，所以才会发生今天这样的事。”

看到普尔西一脸沮丧，母亲又温和地说：“要享受你职业的荣耀就是看着客人在你的服务下开心地离去，好好干吧，只要你想着职业给你带来的荣耀，并用心地去做，你就不会觉得难过了。”

被母亲教训了一顿后，普尔西还是去酒店上班了，不过他并不开心，他在心里想：“谁会因为做个服务员而感到荣耀呢？”

一天，普尔西正在忙的时候，他的母亲来到了酒店。母亲示意他不要说话，然后装作不认识他似的坐了下来，并且像其他客人一样点了菜。他为自己的母亲服务，心里很慌乱，竟然打翻了桌子上的杯子。母亲看着他，小声地说：“做服务员很丢脸吗？你这个样子才是最丢脸的。”说完，她将杯里的酒全泼到了他脸上。普尔西站在那里没动，不过眼泪却流了出来。

等到晚上回到家里，母亲抱着普尔西说：“妈妈向你道歉，对不起。但是你要爱惜自己的职业，人人都是平等的，任何职业都一样，不能觉得自己低贱，你要觉得你像国王一样。”

普尔西自语道：“可是我就是一个普通的服务员啊。”

母亲接着他的话说：“对，你是服务员，但是你要是把服务员这个职业做到最好，你将成为服务员中的国王。你明天开始试试用另一种态度做事好吗？”

看着母亲期待的目光，普尔西点了点头。

从这以后，普尔西改变了工作态度，人们也喜欢他了，很多人来到酒店都点名要他服务，走在大街上也有人热情地和他打招呼，他感觉自己真的成了“国王”了。

20岁生日那天，普尔西正在酒店里忙着招待客人，母亲带着一大束鲜花来到了店里，送到他手上，说：“祝你20岁生日快乐，今天的你成了真的‘国王’了！”

后来，普尔西有了自己的凯莱旺大酒店，成了真正的餐饮界的“国王”。

Part 03

阳光一直都在你背后

世上没有永恒不变的事，光荣和辉煌是暂时的，失败和黯淡也是暂时的。人们常说：阳光总在风雨后。其实，阳光一直都在，乌云和风雨才是短暂的过客，遮挡一时，便会很快散去。散去后，不仅阳光重现，还为我们带来了美丽的彩虹！

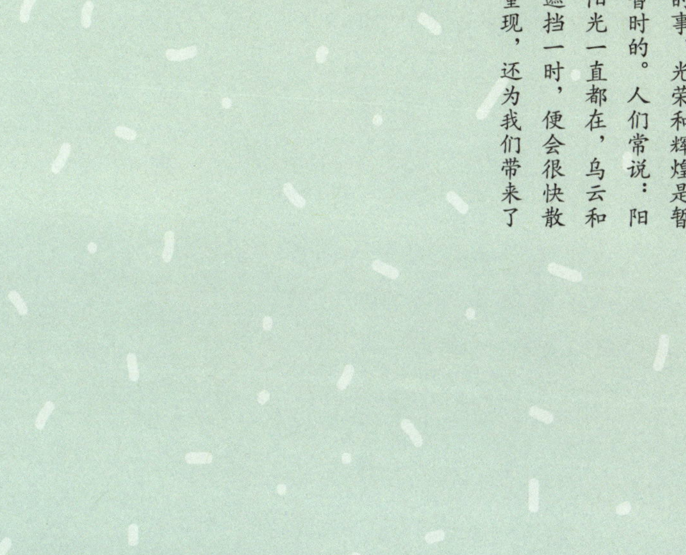

Life

伤痛是在所难免

每一艘在海上航行的船，不论有着多么坚实的外壳，多么谨慎地选择方向，都会无法避免地遇到风浪的冲击，而勇敢有经验的水手永远不害怕风浪，因为他们懂得：风浪本来就是大海的特色，只要最后能够安全地回到港口，那么划上几道印痕、折断几根桅杆又算得了什么呢？

那些在风浪中划出的伤痕固然是大船的损失，但是没有这些损失，也就不会有远航的归来。一辈子停在港湾里固然能安全无恙，可是这样的船又有什么存在的意义呢？

在英国萨伦港国家船舶博物馆中，收藏着一艘伤痕累累的船。这艘船1894年第一次下水试航，它在大西洋漫长的航行历史中，曾经发生过13次起火事件，116次触礁事件，与冰山遭遇达到138次，更有207次在海上的风暴中折断了桅杆。然而，它始终没有沉没。

英国劳埃德保险公司出于对这艘船经历的尊重和它在保费方面为自己带来的大量收益，在一次拍卖会上将这艘船从荷兰买了回来，然后捐给了博物馆。

多年以来，这艘船始终默默无闻地被放置在博物馆里，直到一名律师在观光时看到了它。那时，那位律师刚刚在一场官司中失败了，委托人也因为这一失败绝望自杀，对这位律师来说，这样的事并不稀奇。虽然他已经尽力了，可是面对这些遭遇不幸的人，他还是心存内疚，不知道该怎么鼓起他们继续生活的信心和勇气。

当他看到这艘历史漫长、伤痛无数的船时，想到了办法。他给这艘船拍了很多照片，然后把它的历史详细地抄了下来，放在一起，摆在自己办公室最显眼的地方。从此以后，面对每一位来找他辩护的顾客，他都会先请他们了解一下这艘船，建议他们不论官司输了还是赢了，都去博物馆看看它，因为它能让人们认识到，一艘在大海上行驶的船不可能没有伤痕。

是啊，人生就是一艘航行海上的船，触礁碰壁都不要紧，只要你能挺过去就能走到自己的目的地。

小时候，我家院子里种了两棵核桃树，当核桃树长大了，开始结出核桃的时候，总会有很多小孩趁家里人不注意往树上扔石子或者木棍，指望能打下几个核桃来。每次我看到了，都要出门把他们赶走，可是父亲总是拉住我说："没关系的，让他们玩吧，这也是件好事。"我不明白这有什么好的，只当是父亲心胸宽大，不和那些小孩子计较，只好眼睁睁地看着那些孩子坚持不懈地往树上扔东西，一次又一次砸在树干上，弄得树干伤痕累累。

到了秋天要收核桃的时候，我意外地发现，凡是有伤的枝干结出来的核桃都比完好枝上的那些更大更多，而且吃起来竟然也更加好吃。

我心里万分不解，于是兴致勃勃地去问父亲这是怎么回事，父亲笑眯眯地解释说："你不知道，核桃树和普通的果树不太一样，这种树枝杈上受的伤越多，叶子长得就越好，果实结得也就越多，味道也更好，在正结果子的那段时间尤其是这样。而且到了第二年，还能比今年更好，所以那些小孩子用石子砸树，我才没让你拦住他们，因为他们这是在帮我们啊，呵呵。"

我常常吃核桃，可是从来不知道，原来核桃生长还有这样的奥秘。第二年，那些朝向路边被孩子们砸过的枝干果然长得比里面的好，开花时更是分外稠密、妖娆。看着那些核桃树，我常常想：有很多人虽然可以不经历失败就获得成功，但是对于一个人来说，在逆境中才更能体现出自己究竟有多大的潜力。对于灾难和挫折，只要能正确地面对它们，那么生命这棵大树就能结出更香甜的果实。

在自然界中，那些在风雨中生长、满身伤痕的生命往往是最坚忍不拔、能赢得胜利的；而在人生中，那些能忍受摔打磕碰，在泪光中继续微笑的人，也一定是最后的成功者。

风雨背后终有彩虹，怎能被一点点风浪打倒呢？
为了自己的英雄梦想，必定会乘风破浪，直奔理想尽头。

Life

幸福总爱捉迷藏

一望无际的大海的确壮阔，“大漠孤烟直”的沙漠的确静美，然而“曲径通幽处”的园林，也有耐人追寻的韵味，它的美妙在于我们不知道前面还有什么，总会带着好奇心期待下一个转角处的风景。幸福亦如此，我们的路可能不是笔直向前的，不过在那些小小的拐弯处，常常隐藏着惊喜！

生活就像孩子们吹出的肥皂泡，有些看起来五彩斑斓，有些看起来灰暗无色，可是这并不是固定不变的，也许就在你一扭头一弯腰的瞬间，那些灰暗的泡泡上也会闪现出艳丽的色彩。

快要过年了，他揣着三年来打工积攒下的血汗钱，走在拥挤的人群中，打算坐车回家。当他再一次把手伸进自己的内衣兜里时，顿时傻了眼，兜里空空如也，那包钱不知什么时候被偷走了。

在全身上下搜了好几遍之后，他终于确信钱丢了，顿时万念俱灰，坐倒在广场上。没有钱，他怎么有脸回家，怎么面对妻子和孩子？他想到了死，不如走在路上让车撞死算了，他仿佛一缕游魂一样神不守舍地往大路上走去。

走到路的拐角处，一个在电话亭里打电话的男人吸引了他的注意力，那人穿着破旧的军大衣，袖子上到处都露出里面的棉花，脚边放着一捆花花绿绿的行李卷，是一个流浪汉，可是吸引他的并不是流浪汉的衣着，而是那人的动作和声音。流浪汉拿着电话兴高采烈地讲着话，时不时挥舞一下胳膊，发出愉快的笑声。他心想，这流浪汉一定是在给家里人打电话。这欢乐幸福的气氛感染了他，使他不由自主地想起了家里慈祥的母亲和温柔的妻子，想起了上次出门前才刚会走路的儿子……

他听着流浪汉在寒风中传来的断断续续的说话声，一步一步地朝电话亭走去，听到脚步声，流浪汉很快转过头来，看到了他，苍白干瘦的脸上露出了惊慌的表情。看到他并无恶意，流浪汉才定了定神，转头又对着电话说：“我一切都好，你们放心吧。”然后背起自己的行李卷蹒跚地离去，脸上兀自带着和亲人通话后的满足。

他心想也许自己也该在死前再听听家人的声音，于是他走进了电话亭，拿出IC卡。看到空空的插卡口，他才想起那流浪汉并没有插卡，而这并不是一个投币电话——原来，那流浪汉一直都是在自言自语！想到这里，他的眼泪一下子落了下来。

10年过去了，他终于事业有成，可他心里知道，是那个流浪汉救了他的命，让他知道自己其实很幸福，这才有了现在的一切。

一个没有家人，却为自己假设了家人打电话的流浪汉让故事里的主人公明白，有家的人本身就是幸福的，一时的挫折或许难熬，但是只要在远方的某条小路拐角边，家还在那里，幸福就不会走远。

这一天下班回家的路上，我一心欣赏着秋天的风景，不小心扭了脚，鞋跟松动了，我的好心情一下子变得糟糕起来，不禁自叹倒霉。我四下看了看，大路上肯定不会有修鞋的地方，我一瘸一拐地朝一条小巷子拐了进去，果然，走了没多久就看到不远处有一个修鞋的小摊子。

走到近前，我发现修鞋的夫妇竟然是一对盲人，两人穿着同样颜色的毛衣，男的脸上戴着一副黑色的墨镜，而女的闭着眼睛，脸型很好，看得出来要是眼睛明亮的话，一定是很漂亮的。我心里很奇怪，盲人怎么会修鞋？可是我没有别的选择了，只好坐在了他们面前的小凳子上，把鞋递了过去。

女人接过鞋摸了一下递给丈夫，然后微笑着对我说："您别担心我那口子眼睛看不见，他的心眼可亮着呢，做出来的活附近的人都知道好，放心好了！"

只见那男人摸了一下鞋跟，然后放在了钉鞋的铁架子上，说："锤子。"身边的女人递了过去，然后他又说："长钉子。"女人又赶忙递了过去，男人动作麻利地将3颗钉子稳稳地钉在了鞋跟上，然后又摸了摸，递给我说："您看还结实吧？"我穿上试了试，果然纹丝不动，心中顿时生出了几分敬佩之情。

就在我付了钱要走时，旁边又来了一位老太太，她的鞋帮开了，那男人简单地说“剪刀、线”，女人便迅速递了上去。这时我才发现，女人不论递什么，尖都朝着自己，生怕伤着男人的手，两个人一边干活，一边低声聊着些家常话，脸上满是幸福和满足，我竟然感到几分羡慕。我常常感叹不知道幸福在哪里，原来，它就在这里，就在这个小巷的拐角处。

如果世间没有苦难，人生也就失去了幸福的光彩。身边有很多人，他们远比我们艰辛、劳累，可是并不比我们缺少幸福的微笑，那是因为，幸福既在路的拐弯处，也在心的拐弯处。

Life

沙砾中也会隐藏着美好

生活有时就像淘金，最好的东西总是藏在那一片荒凉的沙石中，需要我们去寻找，需要我们用耐心和微笑将它们挑出来，放在阳光下才会熠熠生辉。

这一天，小男孩本杰明的妈妈有急事要出门，于是交代他要照顾好妹妹莎莉，然后匆匆离开了家。本杰明在和妹妹玩耍的过程中，发现了几瓶彩色颜料，因为妈妈不在家，他们玩得不亦乐乎，将这些颜料涂得满地都是。后来，本杰明还在客厅的地板上画了一个大大的莎莉。

不久后妈妈回到家，被这一地的脏乱污迹惊呆了，她看到地板上、沙发上、墙上都涂满了彩色的颜料，整个屋子看起来糟透了。本杰明这时也发现自己玩得过分了，心里有些忐忑，可是妈妈愣了一会儿后，却忽然发出了赞叹：“啊！孩子，你还画了莎莉，你画得真好，妈妈一眼就认出来了。”然后妈妈走过去抱起了一身颜料的本杰明，慈爱地吻了吻他的额头。本杰明·威斯特，也就是那个弄出一地狼藉的小男孩，后来成了一个著名的画家，每当人们问起他是怎么开始绘画的，他总是带着自豪的笑容回答说：“是妈妈的那一个吻，让我走上了画家的路。”

这位母亲对儿子胡闹的反应如此的与众不同，所以，她也得到了不同凡响的回报，成就了一位伟大的画家。也许，我们也应该学会，怎样从一地污渍中看到更加美好的东西。

很久以前，古埃及有一位法老举行宴会接待宾客，厨师们各显身手，忙碌不已。就在这时，一位厨师不小心碰翻了一盆油脂，将它倾倒在烧剩下的炭灰里。厨师大叹倒霉，一边自怨自艾，一边把那盆被油浸过的炭灰端到外面去。

可是当他回来洗手时，却惊奇地发现，自己原本沾满了油脂的双手竟然很容易就清洗干净了，而油脂一直都是最难清洗的东西。难道是炭灰的作用吗？惊讶之余，厨师再次用炭灰洗了洗手，果然很干净，于是他把这种方法推荐给别的厨师。这就是肥皂的雏形。在屡次试验以后，这位厨师创造出了“羊脂炭球”，并且很快从埃及传到了希腊和罗马，直到后来，英国根据这种炭球，建立了第一家生产肥皂的工厂。

每个人都不喜欢失误，可是失误总是不可避免的。并不是每个失误都像我们以为的那样可怕，这样的例子有很多：有一个叫乔治的年轻人，一直在酒吧里工作，他的职责就是把各种不同品种和年代的酒倒入相应的酒桶中，然后根据客人的需要进行销售。

这一天，乔治正在为生病的母亲担忧，一不留神竟然弄错了酒桶，将一桶酒倒入了别的酒桶，两种酒混了起来。当乔治将这种酒卖给一位顾客后，才忽然发现自己的错误，他大吃一惊，脸色苍白、冷汗直流，心想这一次一定会被老板炒鱿鱼，因为这两种酒都是非常昂贵的。

没想到，那位客人喝了他不小心混起来的酒后，竟然十分喜欢，连连称赞，一再向乔治打听这是一种什么酒，竟然如此美味。乔治无奈之下，看到了酒杯边装饰的彩色鸡毛，于是就顺口说："这是鸡尾酒。"

这些著名的失误都是一个个美丽的意外，我们虽然不能指望自己的每次失误也都能这样变成成功，但是我们可以让自己用另外一种眼光去看待它，从勇敢、乐观地直面失误的过程中，找到走向成功的契机。

生活中的美好无处不在，只是需要一颗善于发现的眼睛。

发现它的独到之处，发现它的真正价值，生活将会变得惊喜连连。

Life

是对手让你时刻充满激情

在现代社会里，比我们强大和成功的对手无处不在，与其忌妒他们，不如感谢他们，因为他们促使我们进步，因为懂得感谢本身就是一种积极的心态。

1942年，盟军中一支英国的军队和一支美国的军队分别从两个方向开往北非的一个纳粹集中营，目的是解救几百名英国军人和当地土著。

英国军队一路上异常顺利，没有遇到任何伏击和意外，穿过丛林、越过尼罗河后，直接到达了目的地。而另一支美国军队的经历却颇为艰险，他们穿过了整个沙漠，沿途突破了德军的两道埋伏线，还没来得及休整，又遇到了希特勒在苏丹东部埋伏的一支军队，因此到达目的地和英军会合时，美军已经疲惫不堪了。

然而10天以后，在盟军按照原定计划进攻德军驻扎点营救俘虏时，却是疲乏的美军率先成功，救出了所有的人，然后立即沿着前不久英军进军的路线撤退了。在撤退途中，美军遇到一个狼狈不堪的英军士兵，他沮丧地说："我们的部队被后面的纳粹军队追上了，队伍一下子被冲散了。"美军的指挥官不解地问："英军装备完好，人员也休整齐备，怎么会被一个人数并不多的队伍冲散呢？"这个士兵摇摇头，沉默不语，自己也不明白是怎么回事。

多年以后，那个英国士兵到了垂暮之年，他放弃了在山林中打猎的生活，买了一座庄园过起了悠闲的退休生活。自从他搬到了庄园里面，再也不用出去打猎以后，他的猎狗就开始精神不振，常常一整天都懒洋洋地趴在台阶上睡觉，一副无精打采的样子，没多久就瘦得只剩下皮包骨了。直到有一天，一只苍鹰偶然掠过庄园，在天空上盘旋了一会儿，病恹恹的猎狗忽然眼中发出光来，恢复了往日的精神，在庄园中冲着苍鹰吠叫不止，到了晚间，竟然破天荒地吃了很多东西。发现了个中奥秘的老兵第二天就从山里捉了一只狼回来，拴在庄园外不远处。果然，从此以后猎狗总是没事就会在庄园边缘巡视，对着狼吠叫，精神越来越旺盛。

又过了几年，猎狗年老死去了，伤心的老兵独自到日本旅游。有一天，他在树下看见几个孩子玩着一种奇特的生存游戏，每个孩子手里都有些纸牌，上面画着虎、狼、羊等图案。规则很简单：两个猎人能胜过一只老虎，一个猎人可以胜过一只狼，两只狼可以胜过一个猎人，等等。当游戏进行到最后时，老兵惊讶地发现，当虎和狼都出完后，一只羊也可以战胜一只狗，这是为什么呢？出牌的孩子认真地解释说："虎和狼都没有了时，狗就没有了对手和竞争，它就会变得萎靡，能力渐渐衰退，不但一只羊能战胜它，两只鸡也可以战胜它。"

听了孩子们的解释，老兵想起了当年猎狗的事情，更想起了当年英军溃败的事情，原来，竟是这样简单的一个道理。

不断遇到伏击的战士反而取得了胜利，有了对手的猎狗重获了生机，而失去了对手的狗却不如一只羊，这就是生活的智慧，是"生于忧患，死于安乐"这句名言最好的体现。

这一天，赵总的工厂接待了几位客户，对方来考察他公司生产的电梯，客户用了几种非常精准的检测手段对电梯的性能和质量进行了详细、认真的考察。赵总对自己公司的产品质量很有信心，全程微笑着耐心陪同并解说，最后，对方显然对产品感到很满意，只是对价格稍有犹豫。第二天，客户一直没有打电话来，赵总以为这宗生意就这样泡汤了，没想到第三天一早，对方就派人过来说愿意接受他提出的价格，要求尽快送货并安装。赵总很惊讶，不过生意做成了当然是件好事，他并没有多问什么。

在电梯安装好了后，赵总亲自去做最后的检查、监督时，遇到了那位客户，交谈中，客户笑着问："你知道为什么我最后同意按你的价格买你公司的产品吗？"赵总客气地回答："想必是因为觉得我公司的电梯质量更加有保障吧。"对方摇了摇头，拍拍他的肩膀说："不完全是这样。其实看完你们公司的电梯后，第二天我们还去了另一家公司考察，那家公司的电梯品质也很不错，而且价钱比你们的便宜，不过最后当我提起你们公司，希望借着对比能再压低一下对方的价格时，那家公司的老板却一本正经地把你们公司的产品批评得一无是处，杜撰了很多缺陷和失误，如果我不是刚刚看过你们的产品，搞不好真的会相信他。听他那么一说，我觉得那位老板的个人品德可能不够完善，电梯买回去要常年做售后维护的，与那样的人合作，我心里不踏实，所以最后权衡之下，还是宁愿贵一点买你公司的吧，呵呵，至少你对你的竞争对手那种光明磊落的态度让人感到很放心。”

有时对手的确令人难以忍受，不过他的存在既是必需的，也是有益的，没有对手和逃避对手、轻视对手一样，都会让我们不可避免地走向失败和堕落，在我们最后的成功里，其实也有对手的一份功劳，不是吗？

做一粒咖啡豆

一块深山中的石头，只有经过琢磨、雕刻之后，才能变成美玉；一块金子，不论溪水怎么冲刷也不会随波浮沉，才能变成淘金者手中的珍宝。我们也一样，打磨疼痛之后，才能显现出自己的价值，只要我们意志坚定，就能从冲击中脱颖而出。

生活中也许每天都会面对新的困难，总是一波未平，一波又起，选择放弃很容易，但是放弃之后，当你看到那些坚持下去的同行最终遥遥领先、低头俯视你时，你会甘心吗？

有一个女孩刚刚参加工作，每天回来都对母亲抱怨公司的事情太复杂，人际关系也很难，前面的一个问题还没解决，后面的一个又发生了，她疲于应付，想要放弃这份工作再重新找一份。这一天，又听到女儿抱怨的母亲拉着女儿的手走进了厨房，然后拿出三口锅，在每口锅里都倒了一些清水，架在火上开始烧，不久后，三口锅里的水都开了，在火上沸腾、翻滚着。母亲在一口锅里放了一个胡萝卜，在第二口锅里放了一个鸡蛋，然后将一些咖啡豆磨碎了，倒进了最后一口锅里。

女儿很不解，看着母亲煮这些乱七八糟的东西，心里有点不耐烦。几分钟后，母亲关了火，把锅里的胡萝卜、鸡蛋都拿了出来，然后将咖啡倒进了杯里，转身对女儿说："你看到了吗？你是想做胡萝卜呢，还是鸡蛋呢，还是咖啡豆呢？"女儿摇摇头表示不明白，母亲微笑起来，拿起胡萝卜让女儿看，那根胡萝卜已经被煮软了，耷拉了下来。然后母亲又磕破了鸡蛋的皮，将鸡蛋完整地剥了出来，最后端起咖啡让女儿尝了尝。女儿觉得咖啡很好喝，不由得高兴起来，可还是不明白母亲为什么要煮胡萝卜和鸡蛋。

母亲认真地说："孩子，其实这开水就像逆境，胡萝卜、鸡蛋和咖啡同样都面对这样的逆境。你看胡萝卜，它本来挺直健壮，一点儿都不肯弯曲，可是进了开水里没一会儿就屈服了，变成了软软的；鸡蛋呢，它是很脆弱的，只有一层薄薄的外壳保护自己，可是一旦进了开水里，很快就坚硬起来，变得更加有弹性、有韧性；而咖啡呢，它本来是粉末，可是一进了开水里很快就融化了，和水成了一体，人人都喜欢它。孩子，当你面对逆境时，你会怎样选择呢？"

是啊，生活就像一锅开水，当死亡、失败、失业、离婚、失恋等打击发生时，你是失去了强硬的性格变得软弱了呢，还是渐渐让原本脆弱的内心逐渐走向坚强了呢?

他的名字叫林豪勋，已经48岁了，台湾台东卑南人。他头部以下的身体已经完全失去了知觉，多年来躺在一张简单的木床上艰难维生，可是他常常微笑，他最常说的话就是："我很庆幸自己拥有每一天。"23年前，只有25岁的林豪勋帮助姐姐家盖楼房，却不慎从二楼上摔了下去，摔断了颈椎，从此变成了一个瘫痪的人。在最初瘫痪的两年中，林豪勋很绝望，几次想自杀却苦于无法做到，后来是姐姐的一番教训惊醒了他："是个男子汉，就应该有勇气面对未来，整天抱怨、后悔对你有什么帮助呢?"

于是林豪勋学着做一些事情，1990年，一位朋友曾经送给他一台286的旧电脑，于是他就用牙咬着筷子敲击键盘打字。两年来，他咬坏了无数双筷子，自己的门牙也被磨得残缺了一块，可是他为260多位亲友写出了家谱，还编纂了一部《卑南字典》，收录了以4个母音和16个子音为主的5000个族语。

1993年时，他学会了电脑音乐，将卑南流传下来的珍贵乐章输入了电脑，然后在曹族韵律中融合了布农族音律以及泰雅族的乐器，创作了卑南交响乐。他常常把电脑键盘当作琴键，在上面设置音符，然后自己"弹奏"音乐，用以弥补自己当年希望学习弹奏的夙愿。

面对人们敬佩的态度，他总是笑笑，说："我也不知道自己还能活多久，但是只要能活一天，我就要过好它。"当我们忽然从生活的高楼上不慎落下，从此天翻地覆时，抱怨、悔恨、伤心都没有用，面对一切，重新开始才是唯一的出路。

面对粗壮的大树，青葱小苗显得微不足道，但一颗坚忍不拔、不屈不挠的内心，让它终究会长成理想中的参天大树。

Life

耐心能够创造奇迹

耐心是水滴石穿，是绳锯木断；耐心是岩缝中生长的小草，是沙漠中蜿蜒的细流；耐心是守得云开见月明，是漫天风雨终得晴；耐心是一棵藤蔓爬上高楼顶，是一只蜘蛛结成空中网。耐心总是在我们身边创造着一个又一个奇迹。

我们都听过揠苗助长的故事，都嘲笑过故事里的农人因为急于见到成果，反而害死了田里的禾苗。可是，在追求成功和梦想的路上，我们有没有犯过这样的错误呢？

一位闻名海内外的营销大师即将退休离开推销的舞台时，行业内和社会上对他闻名已久的仰慕者们都强烈要求他在市里最大的礼堂做一次告别演讲。到了演讲这一天，整个礼堂座无虚席，甚至有很多人站在过道两旁，只为了听到这位大师的演讲。时间到了，当台上的帷幕拉开时，大家都惊呆了，因为就在舞台的正中间，支着一个结实的大铁架，中间悬挂着一颗巨大的铁球，旁边的桌子上放了一把大锤子。人们不明白这是怎么回事，都静静地等待着大师出场。

大师在掌声中走了出来，他邀请台下年轻力壮的小伙子上台帮个忙，于是两个结实健壮的年轻人很快走上了台。大师指着铁锤，说："请你们用这把铁锤来撞击这颗吊着的铁球，尽量使铁球晃动起来。"一个年轻人上前拿起铁锤对着大铁球重重砸了一下，一声震耳欲聋的响声过后，铁球却纹丝不动，年轻人不服气，又使劲砸了好几次，直到他气喘吁吁，大铁球也还是没有晃动一下。另一个年轻人也上前尝试了一下，结果和前一个人一样，两个人只好摇了摇头自认失败，走下了台去。

台下的观众停止了为两个年轻人加油的喊声，渐渐安静下来，大家不明所以，都等着大师解释这代表了什么。可是大师却没有说话，只是从自己的兜里取出了一把拳头大的小锤子，对着大铁球敲了一下，发出一声清脆的响声，然后顿一下，又敲了一下。就这样，十几分钟过去了，大师还在一下一下、不紧不慢地敲着铁球，台下的人们渐渐失去了耐心，纷纷开始大声交谈，礼堂里一片喧哗。然而大师连头都不转一下，只是专心地一下一下继续敲着铁球，半个小时过后，台下已经有不耐烦的观众开始叫骂，说大师是专门骗人的，很多人甚至愤而离去了，原来拥挤的礼堂很快空出了大片座位。

台上的大师始终充耳不闻、漠不关心，只是保持着自己的节奏"叮""叮"地敲着，留下来的人们不再呼叫，只是奇怪地看着大师的举动，想知道他到底想做什么。

就在四十几分钟过后，坐在前排的一位女士忽然惊讶地大叫了起来：“快看！铁球动了！铁球动了！”整个礼堂里瞬间鸦雀无声，人人都目不转睛地盯着那颗巨大的铁球。果然，它正在以非常微弱的幅度缓缓摆动。大师依旧没有说话，也没有停顿，继续着自己缓慢的敲击。渐渐地，大铁球摆动的幅度越来越大，越来越高，使得支撑铁球的架子也发出了阵阵吱吱声。

人们都惊呆了，眼看着大铁球带着呼呼的风声在台上摆动起来，每个人都被它震动了，接着礼堂里响起了雷鸣般的掌声，人群报以阵阵欢呼和赞叹。大师停下了敲击，将小锤子装进了自己的口袋，然后走到麦克风前面，用充满威严和智慧的声音缓缓说出了自己在这场告别演讲中的唯一一句话：“在人生的路上，如果你连等待成功到来的耐心都没有，那么就只好把一生都用来等待失败。”这位大师用他的行动向大家证明了一个生活中最真实不过的道理，那就是成功需要耐心，急于求成的人往往会遭遇欲速则不达的困境，只有耐心能将岁月中一点一滴的努力汇成一股巨大的力量，最终牵动生命的铁球。

有一年，美国的一家园艺和植物研究中心在报纸上登了一则告示，高价求购纯白色的金盏花。许多人看了这则告示都心动不已，纷纷四处寻找或者培育白色的金盏花，但是培育这种颜色的花实在是太难了，多年来没有一个人能做到。

20年后，就在人们早已忘记当年的那个告示时，这家研究中心意外地收到了一封针对当年那个告示的应征信，写信者的语气热情洋溢，充满了欢欣，信中还附上了一粒小小的金盏花种子。

原来这位成功培育出白色金盏花的应征者是一位古稀之年的老妇人，她从小热爱养花，20年前，她也看到了那则告示，然后就开始着手培育这种金盏花。她的方法很简单，就是种下很多普通的金盏花，然后从众多花中挑选出一朵颜色最浅的金盏花，精心收集好它的种子，第二年再种下去，大部分的金盏花颜色都会比前一年要浅一些，然后她就从中再选择一朵颜色最浅的做种子等待来年再种。

就这样，老妇人一年一年地照这种方法收集种子，种出的金盏花颜色越来越浅，渐渐从金黄变成了浅黄、乳黄。她的生活在这些年里发生了很多变故，丈夫去世了，女儿也远离自己，可是白色金盏花就像一盏灯一样在她心里闪耀着，她始终没有放弃，一年又一年耐心地播种、挑选和收种。

终于，在20年后的一个早晨，老妇人走进花园时，发现今年种下的金盏花终于开花了，那花朵不是乳白色，也不是浅黄色，而是非常晶莹圣洁的纯白色，一点杂色和瑕疵也没有！老妇人大喜过望，如过去的20年一样，小心地呵护着这些娇嫩的花朵，然后再次收集起它们的种子，写了一封信，寄给了研究中心。

于是，一个研究中心的专家们经过多年研究仍然无法解决的问题，就这样被一个矢志不移、耐心惊人的老妇人用20年的漫长时间解决了。

一粒普通的花种，谁都能种下它，但是只有用长年累月的耐心和心血培育，才会开出令人惊异的奇迹之花，造就这奇迹的，是不懈的追求，是永不放弃的向往，是无与伦比的耐心和等待。

Life

价值在于你自身

一块金子就算掉进了粪坑里，也还是一块金子，而一颗鱼目就算混进了珍珠中，也迟早会被捡出去扔掉。我们的价值就在我们的心灵深处，在我们的历史经验中积淀下来，在我们的努力中一步步提升，在我们睿智周密的思考中发出光芒。

当泥土撒到我们身上时，抖一抖就可以了；当巨浪砸到我们头上时，站直了就可以了。如果我们是一颗宝石，那么天空中一时乌云遮蔽又有什么关系呢？太阳迟早会出来的，它的光芒总会照在我们身上，映出我们的美好。

有一次，一位著名的演说家在市里做演说，大家纷纷慕名前去听讲。演说大厅里，在主持人简单的介绍过后，那位演说家微笑着走上台来，看了看大家，没有说话，而是从兜里取出了一张50美元的钞票。

演说家高举这张钞票，然后问会场里的人："你们谁想要这张50美元的钞票？"顿时，全会场的人都举起了手。演说家笑了，他把手里的美元用力揉搓了一番，再次拿起这张皱巴巴的钱对大家说："现在谁还想要它？"会场里大家相互看了看，纷纷再次举起了自己的手。

"那么这样呢？还有人想要吗？"演说家一边说，一边把这张美元丢在了地上，狠狠地踩了几脚，然后再次拿了起来，向着人群问道。现在这张美元不仅很皱，而且脏污不已，可是还是有不少人举起了手，表示自己想要。

演说家收起了钞票，微笑着对大家说："这就是我今天演讲的内容，现在请允许我来总结一下自己演讲的要点。你们都看到了，不论我怎样蹂躏那张美元，都有不少人希望得到它，这是为什么呢？当然是因为美元的价值不在于外表是否又脏又皱，而在于这番蹂躏并没有使它贬值，它依旧可以换取价值50美元的东西。而我们的人生也是一样的，有的时候我们会被逆境困住，有的时候我们会被打倒在地，有的时候受到欺凌，有的时候受到排挤，但是无论发生了什么事，无论你穿了什么衣服，梳了什么发型，只要你还是你，在上帝的眼中，在机会和成功面前，你的价值都没有改变。我们生命的价值不在于我们的家庭、学历，也不在于我们的亲人、朋友，只在于我们自身——请大家记住这一点，我们每个人都是独特而珍贵的！"

是啊，如果你是一位歌唱家，那么就算身在牢狱中，也不影响你的歌声优美动人；如果你是一只猛虎，那么就算别人把你装扮成一只病狗，你的尖牙、利爪迟早也都能助你重振雄威。

一家企业面对社会招聘业务人员，在面试时，经理发现其中一位应聘者不仅有着丰富的经验和资历，而且成绩卓著。面对这样的应聘者，经理不由得感到疑惑，他很坦诚地表明了自己的看法，询问道："按照你的资历，你完全可以选择一家大公司，得到更好的职位，为什么要来我们这里当一个业务员呢？你要知道，不论你的条件多好，一名业务员的工资是有上限的，不会太高。"

经理本以为这样就可以结束了，没想到这位应聘者却回答说："我不需要太高的薪水，只要按照一名合格的业务员发工资给我就好了。"经理很惊讶，这就意味着他仅仅能得到他之前工作的一半薪水。

在询问原因的时候，经理才知道，原来此人之前在一家公司已经做到了主管的位置，薪水相当优厚，但是公司老板投资失利，损失了大笔资金，竟然就此失踪了，公司里大大小小几十人哭诉无门，只好另谋高就。他因为原先的工资很高，在几家公司上班之后，都觉得工资与自己的能力不符，换了几家公司都不满意。最后，他反省了自己的态度，决定从头开始，从最底层做起，相信只要自己做得好，迟早能得到重用。于是，他毅然选择到这家公司里来做一名普通的业务员。

经理点点头录用了他，果然，上班后这个人丝毫没有表现出优越感，他按时上下班，不论多简单的工作都认真完成，每天不辞辛苦出去跑业务，到了月底时，他的工作业绩远远超出了其他所有的业务员。于是两个月后，公司老板破天荒地提升了他的职位，增加了他的薪水。八个月后，当公司准备任命一位新主管时，他毫无异议地成了推荐对象，为这家公司创造了更出色的业绩。

我们常常听到身边有人抱怨说，老板给的钱太少，所以自己绝不会多做事，拿多少钱就干多少事才对。其实，这样说的人忘记了，老板也同样是这么想的，他也会根据你做了多少事，来决定给你多少钱。

Life

谷底藏着一个机会

俗话说“磨刀不误砍柴工”。曾经有一个木匠，为了加快工作进度不肯花时间去磨斧子，结果越砍越累，越砍越慢。我们在工作和生活中也是如此，总需要留出一些时间来磨磨我们的刀，如果飞黄腾达的时候没时间，那么失意落魄的时候就是最好的机会了。

机会无处不在，就看你是不是能够找到它。当你身在井底，迫切需要有人拉一把，结果却被人从头上扔石头时，似乎是绝境，但只要你懂得避开，懂得利用，这些石头，就是拉你一把上去的手。

农夫有一头驴，一天，这头驴不小心掉进了一口井里，幸好井已经枯了，可还是很深。农夫找来了左邻右舍，想用绳子把驴拉上来，可是一直忙活了好几个小时都没有成功，驴一刻不停地在井底嚎叫。

第二天，农夫又请了几个人帮忙，可还是无功而返，最后只好放弃了，但是驴在井底叫个不停，吵得大家夜里不能入睡，于是农夫只好叫来儿子，两个人一起拿了铁锹铲土打算把驴埋了。驴眼见一铲一铲的泥土从头上落下来，叫得更加凄惨了，可是过了一会儿，它忽然不叫了，忙得满头大汗的农夫很好奇，探头一看，驴的位置竟然比原来高了很多。原来，每当泥土落到它背上时，它就用力抖一抖，将泥土抖到地上，然后抬抬脚踩在土上，就这样，泥土越来越多，驴也站得越来越高！农夫见到这样的情景，不禁赞叹驴的聪明，心中也感到分外庆幸，赶忙加紧了铲土。不久以后，当泥土终于快要堆到井口时，驴扬扬自得地一跃身跳出了枯井，抖了抖身上的尘土，一跳一跳地跟着农夫回家了。

是啊，就像这头驴一样，有时我们也会身陷井中，眼看着四周的打击和泥土纷纷落在我们身上，可是只要我们不放弃，学会抖掉这些泥土，它们就会变成帮助我们走出井中的基石。

我在大学里工作，这一年新学期开始时，学校里开了一门叫《证券投资方法与实践》的课程，可是没有老师，刚好我的丈夫就在证券公司上班，于是教务处托我丈夫介绍一位资深的专家来任教。

丈夫毫不犹豫地推荐了杨老师，可是上课的第一天，就有人向教务处反映说，那位杨老师以前是唱河北梆子的，怎么忽然就变成证券专家了？然后没过两天，又有人反映说，那位杨老师不是几年前在学校门口修鞋的鞋匠吗？怎么几年工夫就成学校里的老师了？

教务处得知后很重视，立即对我说了学生们的反映，要求我解释一下杨老师到底是个什么人。我赶忙回去问丈夫，丈夫说："没错，20世纪70年代时杨老师的确在剧团唱过河北梆子，后来剧团解散了，他在你们学校门口修了一段时间的鞋。"

我皱起了眉头："你这是给学校介绍了一个什么人啊，到底懂不懂证券？"丈夫严肃地说："当然，杨老师是我们全市唯一一个靠买卖股票积累了几百万资产的人，普通人不了解他，可是在证券行业里，提到他没人不知道，要上课，他绝对是最有资格的人。"

几天以后，杨老师应丈夫的邀请到我们家里来吃饭，我才对这位朴素的老人有了新的认识。原来，当年杨老师曾经和《宰相刘罗锅》的主角李保田是校友，两个人一起被招进了梆子剧团。杨老师说，那个年代，人人都前途不定，学校和剧团里很少有几个愿意学习的人，只有李保田和别人不一样，不论什么时候都拿着本书在读，所以1977年刚一恢复高考时，全团的人都报名参加考试希望考上中央戏剧学院，可是最后只有李保田一个人考上了。十几年以后，杨老师所在的剧团解散了，他没办法，只好去路边给人修鞋，那时李保田已经是闻名全国的演员了。他想起自己当年如果能像李保田一样学习，今天也不会落到这般田地，现在他不想错过人生的第二次低谷，于是一边修鞋，一边自学证券方面的知识。后来，他终于明白，股市和人生是一样的，低谷就是机会，决不能错过。

说到证券，杨老师的脸上泛出红光来，他兴致勃勃地说："近20年来，有好几次股市大跌，股民们失去了信心以为随时会崩盘，可是我不这样想，我觉得这是个机会，就是在这几次最低潮的时候，我买进了不少股票，果然几年后成就了一番事业。”听到这番话，丈夫拿出了杨老师前段时间写的一本名叫《股市人生》的书给我看，在序言中，我看到了这样的话：当股市跌到最低潮时，其实正是入市的最佳时机；而当人生落入谷底时，也是再次腾飞的机会。谁能在谷底积蓄力量，谁就能在未来得到回报。坐失良机一味等待、抱怨的人，只能在后悔中度过余生。

是啊，在意气风发为了成功而忙碌的时候，我们也许常常没有时间审视自己，于是在打击来临、落入谷底时，不妨将之看作一个难得的机会，一个让我们有时间思考、有时间积累能量的机会。

Life

走远的年龄，走不远的青春

在和朋友谈起过去时，你的心中是否会升起一阵阵惆怅，感到青春逝去，再难挽回？在某个早上揽镜自照的时候，你是否忽然有些惊慌，因为眼角出现一丝虽然细小却触目惊心的皱纹？是啊，从出生的那天起，我们就无法拒绝地一天天走向衰老，可是要知道，走远的，只是我们的年龄，不是我们的青春。

年轻实在是充满了美好，可是难道没见过正当青春却死气沉沉的青年？你可以说青春美好却短暂，可是那白发苍苍却生机勃勃的老人脸上，洋溢着的难道不是青春的气息？

几周前，当我在准备晚餐的时候，接到了一个老同学的电话，说要在月底举行高中同学的20年聚会，希望我到时候能够去参加。

挂了电话后，我静静地坐在沙发上发了会儿呆。原来，高中毕业已经20年了吗？想想当年那些情景，很多还都历历在目，可是时光真的这么快吗？一转眼竟然20年就过去了。在这20年里，我到底干了些什么呢？记得母亲当年问过我20年以后会干什么，告诉我总有一天我会走到20年后的，可是我对这个问题不屑一顾，一笑了之，然后就是这么简单的一个电话，让我明白原来我真的走到了这一天。

我四下看了看自己的屋子，儿子的玩具满地都是，厨房还放着烧了一半的菜，丈夫还没下班回来，CD机上放着20世纪70年代的老歌……我惊慌起来，对着镜子细细地看了看自己，眼角果然有几丝淡淡的细纹，嘴边的笑纹比以前更加深刻了，有了微微的双下巴，脸上的毛孔也清晰可见，难道我真的老了吗？

离月底还有两周，两周我能做什么呢？于是在接到那个电话的第二天起，我开始了晨跑，报了一个瑜伽班每天下班都去，希望能以最快的速度减掉自己腰上和腿上的赘肉，过度的锻炼使我下楼都有些困难。然后连着两个周末我将整个城市的商场都走个遍，试图找到能让我显得更加年轻、漂亮的衣服，可是无论哪件衣服，我看起来也仍然是30多岁的样子。我举办了一个小型的家庭晚宴，邀请我觉得是我的朋友的人来参加，因为我想知道，到了这个年龄，我到底有几个真正的朋友。

直到同学会就要到来的前一天晚上，当我紧张兮兮地考虑到底要穿什么衣服梳什么发型才会看起来像20岁一样时，丈夫看着我几近疯狂的样子笑了笑，对我说：“你还很年轻，一点儿也不老，而且你是个成功的妻子和母亲，也是个成功的女人，放轻松些吧。”我摆了摆手正要答话，只见4岁的儿子从外面蹦蹦跳跳跑进屋来，亲热地搂住我的肩膀在我脸上重重亲了一下，然后侧着脸对我说：“妈妈，给我一个晚安吻吧。”在这一瞬间，我忽然放松了下来，看着丈夫的微笑和儿子明亮的眼睛，心中升起了一种难以言喻的幸福感和满足感，深深觉得，其实就算再过20年，又有什么呢？

并不是孩子的吻让这位母亲恢复了信心，而是孩子的吻让她知道，自己在逝去的岁月中得到了珍贵的收获。一切并没有结束，未来还将更加美好。

有一篇名叫《青春》的散文曾经风靡世界，直到现在，也仍然是日本诸多商界要人常常提及的作品。这篇文章的内容很短，仅仅400多字，却深深地影响了几代人，它的内容是这样的：

“青春不是年华，而是心境；青春不是桃面、丹唇、柔膝，而是深沉的意志，恢宏的想象，炙热的恋情；青春是生命的深泉在涌流。青春气贯长虹，勇锐盖过怯弱，进取压倒苟安。如此锐气，二十后生而有之，六旬男子则更多见。年岁有加，并非垂老，理想丢弃，方堕暮年。岁月悠悠，衰微只及肌肤；热忱抛却，颓废必致灵魂。忧烦，惶恐，丧失自信，定使心灵扭曲，意气如灰。无论年届花甲，抑或二八芳龄，心中皆有生命之欢乐，奇迹之诱惑，孩童般天真久盛不衰。人人心中皆有一台天线，只要你从天上人间接受美好、希望、欢乐、勇气和力量的信号，你就青春永驻，风华常存。一旦天线下降，锐气便被冰雪覆盖，玩世不恭、自暴自弃油然而生，即使年方二十，实已垂垂老矣；然则只要竖起天线，捕捉乐观信号，你就有望在八十高龄告别尘寰时仍觉年轻。”

这篇散文的作者名叫塞缪尔·厄尔曼，生于德国，后来迁居美国，他的一生很寻常，在70高龄的时候，写下了这篇《青春》。此文一经传出就受到追捧和喜爱，代代相传，有人将它灌成录音带销售，有人将它做成卡片揣在兜里随时朗读。

在二战期间，著名的麦克阿瑟将军将这篇文章镶好摆在自己的书桌上用以自勉。松下幸之助也曾说：“《青春》这篇文章是我的座右铭，20年来，始终与我朝夕相伴。”而一位来自欧洲的名人也赞同道：“不管是谁，年老的还是年轻的，只有读了《青春》，才能学会活得潇洒。”只因《青春》撩动了每个人的心弦，道出了青春的秘密，给了人们无限的希望和启迪。

寻找风雨中的阳光

当命运的风浪袭来时，坚持不放弃，终于等到阳光重现的人是值得敬佩的。可是那些懂得欣赏风雨本身的美丽，能从战胜困难的过程中寻找到自己乐趣的人，他的人生岂不是更加欢快明媚？风雨大作的天空中虽然没有太阳，可是这并不能影响我们的心中充满温暖的阳光。

我们的路上也许有荆棘，可是荆棘丛中难道就没有玫瑰？我们的路上也许有荒漠，可是连绵的沙丘难道不壮观？我们的路上也许有风沙，可是风沙刺脸的感觉岂非一种新的体验？只要我们努力着，生命中的苦难就不会太多，而那些苦难中隐藏着的美，却是生命中难得的风景。

普雷斯25岁的时候失业了，他曾经到过巴黎、罗马、君士坦丁堡，常常失业和挨饿，可是在纽约这个充满了富贵和奢华的地方，失业带来的贫困异常明显。普雷斯不知道自己能做什么，他会讲英语，却不能用英语写作，他做过的最有前途的职业就是记者，可是那时他在巴黎。

几天来普雷斯为了躲避房东，一直在街上闲逛。这一天，当他走到42号街的时候，遇到一位高大的金发男子，他一眼就认出了，这是俄国著名的歌唱家夏里宾先生，在巴黎做记者的时候，他曾经有幸对夏里宾先生做过一个简短的访问。普雷斯以为夏里宾早就忘记他了，可是对方看了看他，一眼就看出了他的处境，简单打了个招呼，接着淡淡地说："你不忙吧？跟我一起走到百老汇旁边我的旅馆去，怎么样？"

普雷斯大吃一惊，那里距离这里足足有六十几条街，而且普雷斯已经走了整整一上午了，他回答说："夏里宾先生，可是那还有几十个路口才能到达呢。"夏里宾扫了他一眼，坚定地说："那么我们去6号街的射击游艺场看看去吧，那里离这里不过五六个路口罢了。"于是普雷斯点点头，两个人一边聊天，一边很快走到了射击场，在门口看到里面的几个练习者在学习打靶，好几次都没中。两人评论了一会儿，继续往前走。夏里宾说："我想看看每天到底是些什么人在买票听戏，我们去卡纳奇大戏院看看去。"于是两个人又走过了十条街，到达了戏院门口，夏里宾在旁边仔细端详了一会儿来往的人群，和普雷斯聊起了自己对戏曲的看法，然后离开了。

"啊，现在我们就快到中央公园了，据说这个公园很有名，里面有一只很奇特的猩猩，我也想去见识一下。”夏里宾兴致勃勃地说。于是，不久后当他们从中央公园走出来时，离百老汇的街角已经只剩下几个路口了。夏里宾还曾经停在一家礼品店的橱窗外，指着一列小火车对普雷斯说：“这列火车我小时候也曾经有一个，这勾起了我很多童年的回忆。”普雷斯也想起了自己的童年，两个人相视一笑，继续往前走去。

当他们不知不觉走到百老汇路口时，天色已近黄昏。普雷斯感到很奇怪，今天自己走了这么多路，竟然没有觉得太过疲惫。在分手前，夏里宾认真地对普雷斯说：“今天我们走了很远的路，记住我给你的忠告，那就是不论未来你的目标有多远，担心都是没用的，不如把你的注意力集中在眼前你感兴趣的小事情上，这会使你的路走起来轻松很多。”

几十年过去了，夏里宾早已去世，可是早已事业有成的普雷斯却始终记得他对自己的忠告，始终对他心怀感激。

当我们和朋友高兴地谈天说地，一边聊天一边走路时，长路就会显得很短；当我们和爱人相互依偎、倾诉心事时，时间就会过得很快。任何事都是这样的，人生就像一段漫长的旅途，只有学会欣赏路边的风景，学会和旅伴谈论说笑，才能走得不知疲倦，走得兴致勃勃。

有一天，一位父亲带着自己的两个儿子来到一座大山前，这座山高耸入云，山左有一条青石台阶铺成的大路，山右则是一条荆棘丛生的曲折小道。

父亲望着峰顶，对儿子说："上山有两条路，你们两个选择自己的路开始攀登吧，看看最后谁能获得胜利。"于是，兄弟俩思索了一番，哥哥选择了左边的平坦大道，弟弟则选择了右边曲折的小路。

到了黄昏时，哥哥的身影率先出现在山顶，他衣着仍旧整洁，头发也丝毫没乱，对坐着缆车等在山顶的父亲说："爸爸，我胜利了！我先到了山顶。这一路上坡度舒缓，台阶也很整齐，连一条岔道也没遇到，一条弯路也没有，我上来得实在很轻松。弟弟真是个傻瓜，放着平坦的大路不走，偏要选择那条荒僻的小路，我的选择是正确的，所以我获得了胜利。"

父亲点了点头："你的选择的确很聪明，一路上平坦顺畅，你是个好孩子。"

直到天色黑了下来，弟弟才出现在山顶，他的衣服被扯破了好几个口子，手臂上也有好几处伤痕，但是他的衣领上别着一朵秀美的小花，他的眼睛闪闪发光，充满了兴奋。他快步走到父亲面前，对父亲说："爸爸，谢谢您给我选择的机会，您不知道我有多么庆幸自己选了这条路，路上荆棘虽然很多，还遇到了好几处陡峭的悬崖，但是攀爬悬崖真是一次美妙的体验啊！我学会了机敏，学会了保护自己，学会了坚持！而且路边的景色实在是太美了，到处都是盛开的野花和翩翩飞舞的蝴蝶，有一条小溪曾经从我身边潺潺流过，溪水清甜可口，我还见到了好几只可爱的小动物在树下面望着我，很多从来没见过的小鸟都在我身边唱歌，美妙极了。虽然中间有一段路特别艰险，我曾经想要放弃过，但石缝中的小草激励了我，给了我信心和力量，让我忘掉了困难和迷茫，我坚持了下来，最终到达了山顶。谢谢您，爸爸，您让我学会了很多很多……”

哥哥听了这番话，脸上露出不解的神情，然后微带不屑地说：“可是你还是失败了，你比我后到达山顶。”弟弟并不生气，微笑着看向远方，淡淡地说：“没错，我输了这场比赛，可是，我赢得了人生。”父亲脸上露出了赞许的笑容。

自己辛苦种出来的果子最甜，自己精心培育出的花最美。的确，没有过程中的辛苦和泪水，没有那些人迹罕至的崎岖和艰险，又哪来那么多收获和惊喜？

当你感到精疲力竭的时候，不要气馁，或许这时正是上天给予你恩赐的时候。一个美好的惊喜，会让你倍受鼓舞，因为困难过后都是收获。

Life

坚定成就了梦想

小时候学过这样的古文："蓬生麻中，不扶而直；白沙在涅，与之俱黑。"说的是人与人之间的互相影响，好的影响固然可以让我们进步，而坏的影响也会轻易把我们拉向歧路。谁是意志最坚定的人，谁最不容易受影响，谁就会最终影响别人。

在平凡的生活中，你会因为一两句恶语流言就失去自己的好心情吗？你会因为一两个小小的失败就放弃继续努力的信心吗？如果是这样，也许你该学会做一个不被轻易影响的人，成为那个笑到最后的人。

陈阿土是个农民，一辈子待在台湾种地、养牛，从来没出过远门。辛苦了半辈子以后，儿女们都长大成人了。孩子们很孝顺，为他报了一个美国的豪华旅游团，让他也享享福，出去开开眼界。到了美国，果然一切都很新奇，晚上，旅游团安排他们入住了一家酒店。第二天一早，服务生敲门来送早餐，陈阿土打开门后，就见服务生满脸笑容地大声说："Good Morning！"陈阿土一句英文也不会，当场就愣住了，心想这个人自己不认识，在家乡，一般不认识的人第一次见面总是问"您贵姓啊？"这个人想必也是在问自己的姓名，于是他也大声说："我是陈阿土！"

第二天，那个服务生又来送早餐，还大声说："Good Morning！"陈阿土心想，怎么他又问自己叫什么，于是有点不高兴地大声回答："我是陈阿土！"第三天情况仍然是这样，陈阿土开始担心自己理解错了，于是白天出去的时候忍不住问了问导游那个服务生说的"Good Morning"是什么意思。听了导游的解释，陈阿土觉得十分丢人，于是一整天反复练习"Good Morning"这句话，以便以后能从容地应对。第四天早上，陈阿土听见敲门声，一打开门就马上大声说："Good Morning！"没想到就在同时，那位服务生也大声说："我是陈阿土！"两个人都愣在了当场。

这个故事听起来的确有些令人忍俊不禁，不过故事中的寓意却并不是一个玩笑，在这个社会中生活，要想坚持自己的方向并且始终快乐，首先就要在那场意志力对意志力的较量中，始终纹丝不动，稳如泰山，不轻易随波逐流。

这一天，小何因为一点小错误被老板训斥了一顿，心中烦闷不已，可是没想到路过洗手间的时候，她听到几个平时对自己笑脸相迎的女孩在里面叽叽喳喳，说她不自量力，自取其辱。中午休息的时候，小何一个人坐在单位旁边的一个小公园里，看着面前的喷泉发愣，越想越觉得自己的生活黯淡无光，毫无意义，身边的每个人都居心叵测，连谁是朋友谁是敌人也搞不清楚。忽然她看到一个小男孩坐在花坛边，看着自己发笑。她很奇怪，问道："你笑什么啊？"小男孩指了指她坐着的长椅，一脸顽皮地说："这个椅子早上刚刚刷过漆，妈妈说这个颜色一碰上就很难洗下去了，我想看看你站起来时是个什么样子，哈哈。"小何这才看见长椅旁边立着个小小的纸牌，写着"新刷油漆，小心避开"的字样。她见那小男孩一脸得意准备看自己的好戏，念头一转，对小男孩说："你看，那边飞来一只多漂亮的鸟！"就在小男孩一转头的工夫，小何迅速站起来将自己的外套脱了下来拿在手里，露出了里面浅蓝色的毛线衣，在阳光下分外鲜艳。小男孩失望地鼓起了嘴。

小何笑了笑，忽然想到单位里那些背后说自己坏话的人，不正想着要看自己的笑话吗？她们和这个小男孩岂不是一样的吗？难道我就要这样抱怨下去，任由她们得逞吗？不，绝不能这样！

于是她昂起头，回到了单位，向老板承认了自己的错误，保证以后绝不再犯。老板见她主动承认错误，满意地点了点头。从老板办公室里出来，迎面碰到了一个在洗手间里嘲笑自己的女孩，小何淡淡地对她微笑了一下，心中发誓一定要做得比她们都好。一年以后，努力的小何得到了提升，做了办公室的副主任。

也许有时某些不快就像椅背上未干的油漆一样让你充满了一肚子不知如何发泄的闷气，其实只要脱掉外套，换一种心情，就能让原本等着嘲笑你的人失望而归。

Life

身在谷底时，所有的路都是向上的

翻山越岭向着远方跋涉的人，总会有时登上峰顶，有时走进谷底。一览众山小的峰顶风光固然令人欣喜流连，但是生活总是遵循盛极必衰的规则，一旦身在山巅，接下来就不免要走下坡路，而当我们处在人生的谷底时，抬头四望就会发现，所有的路都是向上的。

我们都知道，从考10分进步到考60分是容易做到的，但是从99分变成100分却很艰难，所以如果目前这张生活的答卷你只考了几十分甚至十几分都不要紧，这意味着，比起其他人，你拥有更多进步的机会。

巴拉斯的家庭非常贫困，她的父亲小时候因为小儿麻痹症瘸了一条腿，经常赌博酗酒，而母亲患有间歇性精神分裂症，每当发病时就会对巴拉斯又打又骂。因此，巴拉斯像个假小子一样整天在大街上闲逛，不仅常常和人打架，偶尔还会偷东西。

就在巴拉斯12岁那年，一个名叫威尔逊的跳高运动员，也就是她家的邻居，忽然提出让巴拉斯和自己到运动场去练练跳高。到了运动场上，巴拉斯看着面前的栏杆始终不敢跳，小声问道："威尔逊先生，像我这样的人，能成为一个跳高运动员吗？"威尔逊挑了挑眉反问："你和别人有什么不同吗？为什么不能？"巴拉斯低下了头说："您知道，我父亲瘸了腿，还是一个赌鬼和酒鬼，而我母亲精神不正常，我的家庭……"

威尔逊打断了她，反问道："你的家庭和你跳高的能力有关系吗？你父亲酗酒会导致你跳不高吗？"巴拉斯张大了嘴说不出话来。的确，家庭和自己跳高没什么关系，可是威尔逊是大家都敬重的人，而自己却是街上的小混混，她心里有种抹不去的自卑。威尔逊看着她涨红的脸，轻轻说："孩子，没有人天生就什么都会，也没有人天生就是坏孩子，如果你不想继续当一个坏孩子，那么不好的家庭绝不会是你的障碍，它只会是你前进的动力。不信你可以试试这个栏杆。"

威尔逊在巴拉斯面前竖立了1米的栏杆，巴拉斯轻松地跳了过去，然后，当威尔逊将栏杆拿下来以后，再让巴拉斯跳，她却最多只能跳到0.6米，再也跳不到1米的高度了。威尔逊对惊奇不已的巴拉斯认真地说："你的家庭，就像这个栏杆，如果没有它拦在你面前，你就没有足够的动力，永远跳不出你的最好水平。你信不信，其实就算我把栏杆加到1.2米，你也是能跳过去的。”果然，几次深呼吸后，巴拉斯一下子跳过了1.2米的栏杆。从此，她相信了威尔逊，跟随他开始了自己的跳高生涯。

通过威尔逊的介绍，巴拉斯认识了罗马尼亚的跳高冠军索特尔，在这位冠军的培养下，年仅14岁的巴拉斯就跳到了1.51米的高度。1958年，19岁的她打破了世界纪录，跳过了1.75米的栏杆，开创了“巴拉斯时代”。

从1959年到1967年，巴拉斯共在140次比赛中获胜，十几次刷新了世界纪录，跳过了1.91米这一被称为“世界屋脊”的惊人高度，人们亲切地称她为“女飞鹰”。

是啊，当面前横亘着一根栏杆的时候，我们就能跳得比平时更高。困难正如这栏杆，有了它，我们才能发挥出自己最大的潜力，在成功的路上走得更远。

他，是一个普通人，出生的时候正遇到抗战胜利，父亲就为他取名为凌解放。年幼的凌解放让父亲一再失望，让老师们皱眉无语。这一切都是因为他的学习成绩简直差到了极点，几乎每年级都要留一次级，直到21岁的时候，高中才凑合毕业了。

毕业后凌解放就入伍了，在山西当了一个工程兵，每天都要戴着矿工帽，穿着水靴，深入到几百米以下的井里去挖煤，井底都是齐膝深的煤水，日日在井底摸爬滚打，让他觉得自己的人生也如这井底一般暗无天日。

想到自己可能就这样过一辈子，他不甘心。于是一从井里出来，他就扎进图书馆看书，不管什么书都看，连厚厚的《辞海》都看了一遍，人们都笑他，连他自己也不知道自己到底想干什么，能干什么。可是在那样的情况下，除了读书，他不知道自己还能怎么进步，只好继续拼命读下去。

读的书多了以后，他对古文产生了兴趣，有时在部队附近看到破庙残碑，就把它们都拓下来仔细研究，没人指点也没人可以探讨，他只好一边在图书馆里学古文，一边自己慢慢琢磨碑文的内容和意思。在几十篇碑文终于研究透了时，他发现自己的古文水平大大提高了，那些以前自己看不懂的古文书，现在可以很轻松地读下去了。

退伍后，他转到了地方工作，闲暇无事时，研究起了《红楼梦》，因为他的见解独到、理解深入，很快就成为红学会的一员。在一次红学研讨会上，专家们高谈阔论，从曹雪芹谈到了清朝的政治经济，最后谈起了康熙，有人无意间插了一句说，国内现在关于康熙皇帝的文学作品还是一片空白，令人遗憾。说话的人只是随便一说，他却听到了心里，就在这一天，他下定决心，要写一部关于康熙皇帝的历史小说。

此时，早些年在挖井时积累下来的古文功底，终于帮了他的大忙，让他很快就搜集了很多史料。接着，他开始废寝忘食地投入到创作中，盛夏酷热难当，他就泡在水桶里写，写作异常顺利。1986年底，他用二月河的笔名发表了长篇小说《康熙大帝》，这引起了轰动。从此，他的创作热情一发不可收拾，就像早春二月的河流那样，开始解冻，滔滔奔腾而去。

从一个超级大龄留级生开始，在21岁的时候，二月河的人生走到了最低谷，可是正是那些年的努力，让他在中年时走向了成功的巅峰。有些人总说，他的成功实属巧合，可是二月河总是笑着摇头说："不，我不这么认为，其实人生就像一口深底的锅，当你在锅底时，只要肯用用力，不论朝哪个方向走，都能向上。"

二月河的话提醒我们，不论看待什么问题，换一个方向想就会有截然不同的答案：可以是最坏，也可以是走向更好；可以是绝境，也可以是希望的大道；可以是走投无路，也可以是开辟新路的机会。

让快乐变成习惯

三棱镜可以将一缕微芒变幻成五彩霞光，万花筒可以把几片彩纸演绎为万种缤纷，我们常常赞叹这些小玩具的美妙，其实，在它们身上，还有我们可以学习的地方，那就是寻找美丽、创造欢乐的能力。我们的心可以是一面普通的镜子，也可以是三棱镜；可以是几张碎纸，也可以是万花筒，就看你如何选择。

要想在空白中找到色彩，在平凡中创造惊喜，首先要有一颗愿意去寻找快乐的心，先让我们的心充满了阳光，然后我们的生活才能充满阳光。

这天一早，我招手上了一辆出租车到郊区去办事，正好遇到上下班高峰时间，路上车流量很大，没走一会儿，就卡在了路中间，司机不耐烦地叹了口气，熄了火等待。我心里也急，可是没办法，只好随口和他聊了聊，问道：“最近生意怎么样啊？”司机的声音没精打采的：“有什么怎么样，就那样干着呗。现在经济不景气，每天在外面奔波十几个小时，还不是赚几个小钱。”

我看司机对这个话题不感兴趣，就四下看了看，说：“不过你这车挺不错的，里面很宽敞，就算塞车，坐着还是觉得挺舒服的啊。”本以为这次司机会高兴点了，谁知道他脸色更加臭了，大声说：“别提了，再大的车也没用，让你一天十几个小时坐在这儿，保准你也觉得这简直就像个地狱！”接着，司机开始抱怨起来，说政府调控无力，连个塞车也解决不了，又说社会不公平，有人舒舒服服坐着就家财万贯，有人累死累活也刚够养家糊口……

我一句话也插不进去，只好无奈地听着，到了下车的时候，只觉得心中憋闷，异常不快。

第二天，我继续搭出租车去郊区办昨天没办完的事情，基于昨天的情况，这次我除了目的地一句闲话也没敢说。但是上车不久，年轻的司机就转过头来问我爱听什么频道，我说听音乐吧，他就放了一支轻快的歌曲，自己跟着哼了起来。不一会儿，车子又堵在了路上，一步一步往前挪着，那位司机不仅没有抱怨，还跟着音乐摇头晃脑，一副自得其乐的样子。

我忍不住好奇地问：“看来您今天心情很好啊。”司机朝我一笑，露出了白白的牙齿，说：“我每天都这样，每天都心情好。”“为什么这么高兴？”我疑惑不解，“昨天有个司机说政府无能，经济不好，收入太低，简直快活不下去了，难道你有什么特殊？”司机哈哈一笑，说：“我老婆刚刚生了孩子，现在养孩子可真费钱啊，所以我本来每天开10个小时车的，现在改成了12个小时，比以前累一些。不过——”司机故作神秘地低声说，“我有个保持开心的小秘密，说出来，你可别笑我啊。”

我越发好奇起来，也低声问：“什么秘密？”他说：“其实啊，我就是换个思路，想办法把平淡无聊的事情想成高兴的事而已。比如今天你坐我的车去郊区，我就想象成你花钱请我去看郊区风光，到时候你下车走了，我还可以抽根烟休息休息，顺便呼吸一下市区没有的新鲜空气。”望着我惊讶的眼神，他不无得意地继续说，“事情很简单，前几天一对情侣要去海边看夕阳，到了地方，他们看他们的夕阳，我也在旁边的小摊子上吃了两串烤鱿鱼，一边吃一边也看了看夕阳，反正有人付钱请我去看的嘛，不看白不看，哈哈！还有再前天，有人要去南门市场买鱼，说那里的鱼好吃，去了我也顺便买了一条，回家一炖，果然好吃，那人还花钱坐车去买，我可是一分钱没花，还赚了钱的啊！”

这番话听得我茅塞顿开，觉得自己实在是太幸运了，一大早不仅得了个好心情，还学会了以后都有个好心情的法子。下车时，我对这位司机已经大有好感，于是要了他的名片，打算以后再走远路就坐他的车，刚刚拿到名片说再见，他的电话就响了起来，原来有位老顾客晚上要去机场，和他约好时间。

我一边走进办事的院子，一边心里想：看来不止我一个人觉得坐这位司机的车舒服，他这样的态度，不但让他自己心情高兴，想

快乐时刻都有，快乐无处不在，就看你用什么方式去发现它。
把快乐变成一种习惯，生活中就没有什么过不去的大山。

必也带来了很多长久的生意。

快乐是一种习惯，也是一种能力。在经济不景气的时候，我们应该学会用特别的方法来看待问题，想方设法使工作看起来像游玩一样轻松快意，这时，你会发现自己的内心强大起来，更不容易被伤害，也更容易得到朋友，能抛开遍布天空的乌云留下的阴影，为自己创造一片阳光。

有一个小女孩，每天都从家里走路到学校去上学。这一天，一大早天气就不太好，乌云密布，传来阵阵沉闷的雷声。小女孩出门后不久，就刮起了风，时不时有闪电划过天空。

妈妈很担心女儿会被雷声和闪电吓着了，甚至被雷打到了，于是赶紧开着车沿路寻找女儿。天空很快下起了雨，妈妈越发焦急，正在这时，她看到了路边的女儿一点也不在乎淋在头上的雨，蹦蹦跳跳地向前走着，每当闪电划过天空时，她就停下来，抬起头望着天空微笑一下。

妈妈把女儿叫到了车上，一边为她擦干脸上、头发上的雨水，一边奇怪地问："你刚才抬头在做什么呢？"女儿甜甜地笑了起来，天真地说："刚才上帝在打闪光灯帮我照相，所以我就微笑一下啊。"妈妈看着女儿动人的笑脸，也不由自主地笑了起来。

是啊，这个小女孩的想法虽然天真，可是难道不是蕴涵着人生真理吗？大雨临头、电闪雷鸣的时候，我们这些人哪个不是急匆匆低头赶路，心中抱怨这雨来得不是时候呢？其实，反正要在雨中赶路，何不对着闪电微笑一下，从容快乐地继续向前呢？

Part 04

我的幸福我做主

也许孩子的调皮、丈夫的误解、同事的纠纷会影响我们片刻的心情；也许富贵的家庭、高昂的收入、漂亮的外表可以带给我们骄傲的资本，但是这些都不能决定我们是否幸福，能改变我们心情的，只有我们自己。

Life

用欣赏的眼光看自己

世界上没有一朵花是无瑕的，可是花朵并不在意自己的瑕疵，仍旧在阳光下绽放着；世界上也没有一个人是完美的，盯着自己的缺陷一味自怨自艾的人，内心总是黯淡的。欣赏自己不代表自高自大、孤芳自赏，而是能够看到自己的优点，也懂得发挥自己的长处，拥有一片属于自己的心灵花园。

早上出门前照镜子的时候，你是会多看看自己不太好看的眼睛呢，还是会多看看自己很优美的嘴呢？这是一件很小很小的事情，可是能为你这一整天揭开截然不同的序幕——学会快乐，就要学会多看看那些令人满意的地方。

有一个年轻人失业了，女朋友也离他而去，他觉得生活失去了希望，于是走到一条河边想要了断此生。河边有一位老人正在钓鱼，见到年轻人愁容满面呆呆地看着河水，于是问道："小伙子，你干吗这样闷闷不乐的啊？"

年轻人有气无力地回答说："我一无所有，是个没有前途的穷光蛋，生活一点希望也没有。"老人笑了起来，问道："你怎么会一无所有呢？让我来问你，如果我出20万和你交换，你变成60岁而我变成你的年龄，你愿意吗？"

年轻人想了想，变成60岁的话自己岂不是活不了几年了，要钱有什么用，于是摇了摇头表示不愿意。老人继续问道："那么如果我出20万买走你的健康，你愿意吗？"年轻人想也没想，直接说："当然不愿意。"

"那么我要买走你的双手呢？""不愿意！没有双手了我还能干什么？""买你的双脚？"年轻人瞪大了眼睛，不满地看着老人说："别再问这些没用的问题了，我什么都不会卖的，失去了手脚我活着还有什么意思！"

老人哈哈大笑，对不耐烦的年轻人说："小伙子，你看，你很年轻，身体健康，有手有脚，而且也懂得这些东西的珍贵，怎么是一无所有呢？这世上最宝贵的东西你明明都拥有啊。"

年轻人愣住了，仔细想了想老人的话，终于醒悟了，一改悲观和绝望的表情，感谢老人对他的指点，迈着轻快的步伐离开了，决定去寻找自己的新生活。

是啊，也许我们没有高学历，可是我们有健康的身体；也许我们没有有钱的父母，可是我们有知心的爱人；也许我们脑子不够聪明，可是我们手脚足够灵巧；也许我们没有耐心不能坚持，可是我们有想象力和无限的创造力！

这一天，《芝加哥先驱论坛报》儿童版“你说我说”栏目的主编希勒·库斯特收到了一封信，这是一个名叫玛丽·班尼的小女孩写来的，她想问问，为什么自己帮妈妈烤好饼干然后端到桌子上，只得到了妈妈一句“你真是个好孩子”的简单夸奖，而弟弟戴维明明什么也没做，只会在旁边捣乱调皮，却能吃到松软可口的饼干？玛丽在信中发出了疑问：“上帝真的是公平的吗？如果他真的公平，那么为什么他常常会忘记像自己这样的好孩子呢？”

希勒看了来信，心里感到非常沉重。多年来，他一直在这一栏目做主编，几乎每周都会收到类似的来信，孩子们常常在问：“为什么上帝不惩罚那些坏人？为什么好人总是不能得到奖赏？”这样的信件已经有上千封了，可是希勒却始终不知道应该怎样回答那些孩子。

收到这封信后的那个周末，希勒去参加了一场婚礼。婚礼上，牧师主持新娘新郎互赠戒指时，这对新人也许是太过激动了，竟然忘记了区分左右手，将戒指都戴在了对方的右手上。牧师看到了，微笑着非常幽默地说：“哦，你们的右手已经很完美了，我想还是用戒指来装点一下左手吧。”现场的人都会心地笑了，而希勒听了这句话后，却如醍醐灌顶，他终于找到了回答孩子们那些问题的答案，那就是：右手不需要饰物，是因为它本身已经很完美了，因此，上帝让右手成为右手，就是对右手的一种奖赏，而上帝让好人成为好人，这本身也就是对好人的奖赏。

想明白这个道理的希勒终于解开了自己的心结，他非常兴奋，马上在报纸上给小姑娘玛丽回了一封信，题目是“上帝让你做了一个好孩子，就是对你的奖赏”。这封信刊登出来以后，在短短的几周内就被美国乃至欧洲的上千家报纸以及刊物转载，并且每年的儿童节时，都会再次刊登出来，以此告诉天真善良的孩子们：成为一个好孩子本身就是最大的奖赏。

是啊，就像美国总统罗斯福在家中遇盗后所说的一样：“感谢上帝，做贼的是他不是我。”就算我们什么都没有，但是生而为一个懂得明辨是非善恶的人，难道不已经是一种珍贵的获得了吗？

走出别人的光环

丑小鸭跟在鸭妈妈身后的时候，一心想要当一只普通的鸭子，可是当它离开以后，才发现自己原来是一只天鹅。是啊，我们身边总有些人那样成功、那样令人羡慕，如果我们一直待在他们的光环下面，就会失去属于自己的生活和幸福。

每个人都有自己的世界，别人的成功和美好无论多美，都是别人的，只有走出那光环的笼罩，我们才能找到自己的路，发出自己的光。

洛依德是一个电影明星，他年轻英俊、潇洒倜傥。这一天，他开车到一家汽车检修店，请店里的工人帮自己修理一下汽车出现的小问题，接待他的是一个年轻、漂亮的女工人。

女工人询问了汽车的问题，然后一丝不苟地开始了工作，她的双手灵活极了，技术也非常熟练，可是在整个修车过程中，她始终没有看洛依德一眼，也没有借机和他搭讪。洛依德很奇怪，他相信整个巴黎都知道自己的大名，难道这位女工人不认识自己？

“您平常看电影吗？”他禁不住问道。女工人一边干活，一边简单地回答道：“当然，我非常喜欢看电影。”洛依德没再说话，而女工人也很快修好了车。看得出来，她对修车非常在行。“您的车修好了，您可以开出去试一试。”女工人说完便转身要走开，洛依德忍不住喊住了她：“小姐，您愿意和我一起出去走走吗？”“对不起，先生，我还有工作要做。”女工人拒绝得很干脆。

洛依德不死心，继续劝说：“修理我的车也是您的工作，难道您不亲自开一下，检查是否真的修好了？”女工人无奈，只好上了车，开出一段距离又返回店里，她看了看车，说：“看来没什么问题了，我得继续工作了。”洛依德大惑不解，平时年轻姑娘们见了自己，无不兴奋喜悦，跟在自己身边问东问西，这个女工人却始终平淡如常，仿佛自己只是个路上的普通人。

他看着女工人走远的背影，喊道：“您既然喜欢看电影，难道不认识我吗？”女工人回过头来，说：“认识啊，您一下车，我就认出来您是这届的影帝洛依德先生。”“既然您认出了我，为什么始终表现得这样冷淡呢？”女工人淡淡地笑了：“不，不是这样的，我并没有冷淡，对每位客人我都是同样的态度，只不过您觉得我对您这样的大明星不够狂热罢了。可是您的成就虽然很大，我也有我自己的生活和工作，既然您是来修车的，您就是我的顾客，就算有一天您光辉不再，变成了一个普通人，我还会这样接待您，这有什么不对吗？”

洛依德说不出话来，看着女工人走远的背影，沉默良久，然后充满敬意地道了声“再见”。离开的时候，他在心里默默地说：“谢谢您，是您让我认识到自己是多么浅薄。”

在这个充斥着明星、权贵和专家的社会里，每天都有新的面孔受人追捧。我们也曾有过属于自己的偶像，可是不卑不亢的态度才符合有尊严的人生——我们承认他们的成就，可也不看低自己的价值。

1842年，著名诗人、作家爱默生在百老汇的图书馆里发表了一番演说：“是谁说，我们美国没有自己的诗人和诗作？不，我们有，我们的诗人就在这里！就在人群中！”爱默生的语气和神情是那样激动，深深地打动了台下的一个年轻人。他热血沸腾，心中产生了一个强大而坚定的信念：我一定要走进人们的生活，看到各种不同的人和不同的生活方式，了解大地、了解人民、了解自己的民族，倾听心灵的声音，创作出最好的诗篇！他，就是惠特曼。

1854年，惠特曼发表了《草叶集》，他一改传统诗作的格律，创造出一种新的形式，用热情洋溢、豪迈奔放的语言表达了自己的思想，表达了对民族压迫、种族歧视和社会不公的抗议。

远在康科德的爱默生一见到《草叶集》就激动不已，这就是他期待已久的属于美国自己的独特的诗人！他毫不吝啬地对这些诗作和惠特曼本人给予热情的赞誉，称赞它们“无比奇妙”“具有难以想象的魔力”“是真正属于美国自己的诗”“眼光是这样犀利而精神是这样执着”……

原本很多报刊对《草叶集》持有批判态度，可是一见到著名的爱默生这样热情地夸奖它，也纷纷改变了态度。但是《草叶集》中新的思想和新的形式都使它没有那么容易为普通大众所接受，就算有爱默生的大力称赞，书也没有因此而畅销。可是爱默生的赞扬让惠特曼找到了自信，他继续写下去，很快刊印出增添了20首新诗的第二版《草叶集》。

1860年，当惠特曼即将刊印第三版《草叶集》时，爱默生几次进行劝阻：“你应该将新作中的那几首有关性的诗歌删掉，否则将会影响整本诗作的质量。”然而惠特曼却总是摇摇头不肯退让，他说：“如果删了它们，这就不会是一本好书了。”面对爱默生的叹息，他坚持自己的选择：“我的思想和意念不会被束缚，我一定要走自己的路，《草叶集》是不能被删改的，删改意味着投降，意味着退缩，我宁愿任由它枯萎，也绝不愿意删改任何诗作！”

没想到，第三版的《草叶集》出版后，获得了巨大的成功，赢得了整个文学界的好评，很快便从美国流传到英国乃至整个欧洲，被世界上更多地方的人们了解和认可。

面对这样一位著名的大诗人，这样一位帮助自己建立声望和成功的人物，还有谁能像惠特曼那样坚持自己的选择，不肯妥协呢？生活中恐怕很少有人能够这样，所以，惠特曼的精神才越发显得珍贵。

Life

金钱代表不了幸福

“人为财死，鸟为食亡”这句话生动地刻画出古往今来的人们为了追求金钱是怎样的不遗余力。在生活中，也不乏为了一份更高的工资夜以继日地拼命工作，为了几个小钱争得面红耳赤的人。其实，那些家财万贯一辈子也花不完的人，他们就幸福了吗？

金钱和幸福无关，感受幸福是一种能力。有的人拥有大把的金钱，脸上却写满了抱怨和不满；有的人生活在社会的最底层，即使只有一条老狗做伴却也悠闲自在、其乐融融。因此，在追求财富的时候，请不要忘记审视自己的内心，不要为了金钱错失生命中最珍贵的幸福。

当年，我还在柏克莱攻读博士学位时，有一位相当不错的朋友约翰也在那座城市。约翰已经结婚了，太太非常亲切和蔼，我常常去他家里做客。

那时约翰夫妇还在读书，收入微薄，可是他们的屋子温馨极了，两个人都喜欢陶瓷小玩偶，屋子里摆满了便宜却可爱的小瓷娃娃。我到他们家里去的时候，也常常会买一两个瓷娃娃带过去送给他们，他们总是非常开心。

我拿到博士学位后，就离开了那里。约翰的专业是有关传感器的，毕业后自己开了一家公司，用传感技术做一些防盗的器材。多年以后我去看他，到了他的办公室才发现，十几年来他的公司规模已经非常大了，是美国最大的安全系统公司，而他的身价已经超过4亿美金，几乎所有的汽车防盗系统都是他们公司的产品。

从公司回来，他带我到他们家里去坐坐。开车走了很远，一直到了纽约乡下的一座大庄园中，周围全是有钱人的房子。庄园四周并没有用墙围起来，可是不少地方立着牌子，上面写着：私人土地，闲人莫入。约翰告诉我，整座庄园都有3层红外线保护着，没有人可以随便闯进来，除非开飞机。

到了家里，约翰的太太还和当年一样和蔼，在门口微笑着迎接我，家里的装潢摆设优雅高贵，有不少中国明朝的瓷器，价格估计不菲，但是不如当年的瓷娃娃那样亲切可爱。约翰的女儿在市区上学，那一天天黑了还没有回来，夫妻俩都有点担心，我问怎么不打个电话问问，约翰苦笑着说："这孩子说厌恶有钱人的生活方式，不肯带手机，开的车也是一部旧的老爷车，经常抛锚。"

果然，到了晚上8点多，他女儿打电话回来要约翰去接她，原来她的车子真的又坏了，现在在一户陌生人的家里休息。到了地方，我们看到那位陌生人是一个贫困的年轻人，住在一所破旧的小房子里，约翰的女儿笑着说："现在的人家里差不多都装了爸爸公司的安全系统，我根本走不进去，幸好找到了这所小房子，我想这房子肯定没装安全系统。果然，我走了进来，见到了这位善良的屋主，借用了他的电话。"

回到家里已经很晚了，晚饭在一张精致的长桌上进行，夫妻两个分别坐在两端，两个人离得很远，一位不苟言笑的仆人来回上菜。虽然饭菜很精美，餐具更是讲究，可是我心里却怀念起当年那个摆满瓷娃娃的小屋子，觉得还是那时候的饭菜更加好吃。到了睡觉时，约翰告诉我，夜里屋子的防盗系统会打开，没事最好不要出来走动，免得引响警报，有事可以给他打电话，让他解除系统，我点点头表示知道了。当约翰离开后，我不由得摇头叹了口气。

一年以后，《华尔街日报》上的一则消息引起了我的注意，约翰竟然将自己的公司和豪宅都卖掉了，自己留下一个零头，其余的钱成立了一个慈善基金，然后他就从商界消失了。

不久后，我收到了约翰的信，他搬到了英国一个偏远的小镇，邀请我有空去做客。几年后，我去英国开会，约好了到约翰家去看他，下车后，约定的时间还没到，我就在小镇的街上闲逛，忽然见到一栋别致的房子，大大的落地窗里面摆满了各种各样的瓷娃娃。我心想这一定是一个旧货店，就推门进去，打算买两个瓷娃娃带给约翰夫妇，可是当我抬起头时，却赫然看到约翰在里面对着我微笑。原来，这不是一家店，而是约翰的家。

他们夫妇的招待一如既往地热情，谈话中，我问起为什么要卖了公司和房子搬到这个不起眼的地方来生活，约翰说："这些年来，我越来越有钱，公司生意越来越好，可是我却觉得自己越来越像生活在一个监狱里，每次想起当年读书时候的生活，都很怀念。"夫妇俩相视一笑，约翰继续说，"这里的生活自由恬淡，我们在附近的学校教书，薪水也足够生活，平常出门都骑自行车，比以前真是惬意多了！"

我终于再次感受到当年约翰夫妇家中的温暖，离开的时候，约翰悄悄对我说，他虽然捐出了自己几乎全部的财产，可是有一样东西，他是永远都不会捐出去的，我好奇地问是什么，他塞给我一张纸条，让我上了车再看。车开动后，我看着约翰挥手的身影越来越远，打开了纸条，只见上面写着：我的心灵。在回家的路上，我都在想：的确，这世上很多人什么都拥有，却失去了自己的心灵。

是啊，心才是最诚实、最重要的，当你从繁忙的工作中脱身，走在车水马龙的大街上，看着下班的人潮时，有没有那么一瞬间，觉得自己的忙碌是这样无足轻重，而自己的梦想和真正的愿望却因此越来越远了呢？

有两个墨西哥人来到美国，加入了淘金的人流，其中一个认为阿肯色河沿岸金子更多，另一个却决定去俄亥俄河寻找机会，于是二人在中途分道扬镳。

10年以后，去往俄亥俄河的那个人果然在那里发现了大量的金沙，他发了大财，建了一座码头，修了一条公路，将他落脚的地方，发展成为一个市镇，那里的商业和工业都得到长足发展，那个地方就是现在的匹兹堡市。

另一个去阿肯色河的人却没有那么幸运，自从两人分手后就再也没有传出任何消息，有的人说他早已回到了墨西哥，有的人说他已经死去多年了。

直到50年后的一天，一块重量达2.7千克的天然金块现身匹兹堡市，这引起了全世界的轰动，人们这才得知这个人的下落。事情开始于匹兹堡《新闻周刊》的一位记者对这块金子的跟踪报道。根据他的调查，这块巨大的天然金块“来源于阿肯色河沿岸，是一个年轻人偶然在自己房子后面的池塘里发现的”。而令人惊奇的是，据这位年轻人的祖父留下的日记，人们愕然发现，这块金子是被他祖父亲自丢进池塘里去的。

《新闻周刊》很快刊登出这位祖父的日记，其中最重要的一篇，也就是关于这块金子的是这样写的：昨天，我在溪水边又发现了一块天然的金子，比去年发现的那块还大。怎么办呢？要不要进城去卖掉它？可是，如果我卖掉它，那么成千上万的人都会朝这里涌过来，我和妻子亲手搭起来的木屋，我们辛辛苦苦开垦出的田地，我花了几年时间挖好的池塘就再也保不住了；我再也不能在傍晚时带着猎狗从树林里回来，点起火堆烤一串美味的山雀肉了；我也将失去这片甜蜜的树林和草原，失去天空和晚霞，失去上天赐给我的珍贵的自由和静逸。

幸福其实很简单，一个简单的惊喜、一个精心的设置、一个大大的拥抱、一个真诚的关怀，等等，都可以让你温暖备至。但这一切都跟金钱没有关系。因为幸福是无法用金钱来购买的。

于是，这位祖父毅然把发现的金子又扔进了池塘里，这才有了50年后人们那惊讶的发现。

很多人都不肯相信这是一个真实的故事，其实，如果让我们在安宁幸福和金钱中选择的话，很多人会选择安宁幸福，但是如果让我们决定是否要扔掉那块金子的话，估计很少有人愿意选择扔掉。没错，这就是我们现在的生活，我们知道自己在追求幸福快乐，却总以为幸福就是那块金子，因而始终走不到真正的幸福身边。

Life

拒绝的勇气

对自己不愿意或者不能够做的事情，说“不”是一种勇气。我们总觉得不好意思开口拒绝，怕扫了别人的兴，怕驳了别人的面子，觉得人在社会上生存，不得不应付。其实，“有所不为”不一定就会得罪人，懂得拒绝的人，往往更能体现出品格的高贵和做人的原则，往往更能得到人们的尊敬。

每个人都有自己做人做事的原则，有些原则不能轻易更改，不论对方是什么身份，是什么地位，委曲求全只能让你成为沙堆中的一粒沙，而为了自己的原则说“不”的人，却能闪耀出宝石的光彩。

耶路撒冷有一家叫作“芬克斯”的酒吧，面积并不大，只有30多平方米，可是名声在外，美誉不断。

这家酒吧的主人名叫罗斯恰尔斯，是一个犹太人。有一天，他接到一个电话，对方很有礼貌，语气委婉地和他商量说："我想明天到您的酒吧去坐坐，我有十几个随从，他们也将和我一起去，请问您届时是否可以谢绝其他客人？"罗斯恰尔斯没有任何犹豫，直接回答说："对不起，您如果要来，我非常欢迎，可是我不能谢绝其他客人前来。"

打电话的人是美国的国务卿基辛格，他因为公务访问中东，在别人的推荐下才打算去著名的芬克斯酒吧转转，可是被店主人拒绝了。于是他表明了自己的身份，再次询问说："我是最近来中东访问的美国国务卿基辛格，为了方便起见，希望您能考虑我的要求，一切损失我会承担。"然而罗斯恰尔斯依然保持着原来的态度："对不起，先生，您愿意到本店来是我的荣幸，但是我不能因为您的缘故，就将别的客人拒之门外，那是不可能的。"基辛格从来没遇到过如此对待，愤怒地挂掉了电话。

第二天黄昏时，罗斯恰尔斯又接到了基辛格的电话，对方首先为自己昨天的失礼诚恳地道歉，然后表示自己明天会和三个朋友一起前去，只需要预定一个桌子，不必影响别的客人。令基辛格惊讶的是，罗斯恰尔斯仍然拒绝了他的要求，说："对不起，先生，明天是星期六，本店在星期六一向不营业。"

"可是明天是我在这里的最后一天，我马上就要回美国了，您不能破例一次吗？"罗斯恰尔斯的声音非常诚恳，也很抱歉："真的对不起，先生，我是一个犹太人，您知道，星期六对我们来说是一个神圣的日子，这一天我不能营业，否则是对我心目中的神的玷污。”

这就是著名的芬克斯酒吧和酒吧的老板罗斯恰尔斯，作为一个只有30多平方米的小酒吧，它竟然连续多年被美国《新闻周刊》列为世界上最好的15个酒吧之一，享有令人惊讶的盛誉，其中的原因，了解它历史的人，想必都能理解了。

拒绝常常被误认为是不友善的表现，但是有的时候它的价值却是难以估量的，它透露出人的自尊自重，也透露出人生的洒脱自由，就算受到一时的不欢迎和责难，可总有一天它会证明自己的意义。

李诚刚参加工作不到一个月，还没有发工资，刚好姑母路过这个城市来看他，这时他身上只有30块钱，原本是自己这几天的生活费，此时只好全部拿出来，陪姑母在街上逛了逛。

到了吃午饭的时候，李诚一心想找一个便宜点的小店吃点东西，可是姑母却希望到一家看起来华丽高雅的餐厅吃饭，李诚没有办法，只好硬着头皮跟姑母走了进去。坐下来以后，姑母询问李诚想要吃些什么，李诚心里想着点最便宜的菜，可是嘴里却不由自主地说：“随便什么都可以，您点吧。”看着姑母点了两个价格不菲的菜，他心里越发紧张起来，摸着兜里的30块钱，神不守舍地想着这该怎么办才好。这些钱肯定不够，怎么办呢？

因为担心，李诚连饭菜是什么味道都没吃出来，可是姑母仿佛没有看到李诚的坐立不安一样，不停地称赞菜做得非常美味。终于到结账的时候了，服务生拿着账单直接给了李诚，李诚满脸通红，手放在自己的兜里怎么也拿不出来。这时，姑母笑着接过账单付了钱，然后看着李诚的眼睛，认真地对他说：“这就是我来这里看你的目的，孩子，你的母亲一直很担心你，因为你从来也不懂得说‘不’。今天，从站在餐厅门口到点菜，我一直在等你说‘不’，可是你却一忍再忍，始终不肯说出来，这是为什么呢？孩子，你要知道，有的时候，只有说出这个‘不’字才是最好的选择，懂得拒绝，也是一种勇气和智慧。”

在力所不能及的时候，要趁早说“不”，否则不但自己陷于尴尬的境地，也不见得能换来别人的好感，说不定还会得到个“不自量力”的评价，岂不是吃力不讨好？

Life

喜欢的才是最好的

《大学》中有句话说，“好而知其恶，恶而知其美者，天下鲜矣”。的确，爱孩子的母亲从不觉得自己的孩子丑，而见到一个讨厌的人你也不会欣赏他漂亮的新发型。我们不喜欢的东西，事实上不见得它就不好；可是另一方面，对于我们自己来说，只有自己真正喜欢的，才是最好的。

这一天，一个学生满脸怒气地走进了杰恩的办公室，对杰恩抱怨说：“班里那个比尔真是讨厌极了，做什么都喜欢和我比，而且喜欢讲话，让人听得快烦死了！”

杰恩笑了笑，这已经是这个学生第四次对自己抱怨比尔烦人了，于是他对学生说：“你喜不喜欢吃香蕉？”学生愣了一下，莫名其妙地回答说：“不喜欢，不过我喜欢吃苹果。”“那么你是不是觉得苹果比香蕉好呢？”“那当然了，苹果比香蕉好吃。”“那么，世界上有没有喜欢吃香蕉的人呢？”杰恩继续问道。学生越来越纳闷，但还是回答说：“当然有了，很多人都喜欢吃香蕉。”“那你是不是觉得喜欢吃香蕉的人都错了呢？”学生看着杰恩不说话，过了一会儿才说：“当然不是，谁都有自己喜欢吃和不喜欢吃的东西，没有什么对错的分别。”

杰恩笑了笑，又问道：“你喜欢吃苹果，那么如果你的一位朋友到了你家里，你会请他吃吗？”“会啊。”“你不担心这个朋友其实不喜欢吃苹果吗？”听了这句话，学生不理解地看着杰恩：“那很简单啊，先问问不就行了。”杰恩哈哈笑着对学生说：“那就对了，你懂得很多。你不知道，有很多人都不明白这个道理，他们总是以为自己不喜欢的就一定是不好的，自己喜欢的别人也一定会认为是好的。比尔的事情，其实也是一样的。”

学生沉思了良久，终于明白了杰恩的意思，默默地离开了办公室。从此以后，杰恩再也没听到他抱怨比尔。

有些东西我们不喜欢，就觉得它一无是处；而有些东西我们喜欢，就觉得它好极了，以为谁都会喜欢。其实，不论面对什么人或事，我们心里都要明白：喜不喜欢和好不好并不是一回事。

这一天是苏珊近几年来最快活的一天。她在一个偏远的街区租下一间很小的阁楼，阁楼非常狭窄阴暗，可是当她坐在里面的时候，却满心幸福，然而这幸福只持续几个小时就结束了。

一直以来，苏珊都很羡慕自己的同学罗琳。罗琳的父亲是一位剪草坪的工人，家里并不富有，去年当苏珊到罗琳家里为她过生日的时候，发现罗琳住在房顶一间小小的阁楼里。过完生日以后，天已经很晚了，她们两个就挤在那间阁楼里，打开罗琳小小的衣柜，拿出她那些五彩缤纷的衣服一件一件试穿。罗琳是不久前才移民到美国的，她的衣服质量虽然都不怎么样，做工也很简单，但是样子都很特别，苏珊好奇极了，每一件都试穿了一下，房间里没有镜子，她们就彼此用眼睛来评价这件衣服的效果。

后来，苏珊发现罗琳还会自己配制香水，那是她跟她的母亲学到的本事，她配制的香水闻起来甜甜的。那一天，苏珊和罗琳玩到很晚才睡，躺下以后，苏珊忍不住想：罗琳多幸福啊，她在自己的家里生活，可以随便带自己的朋友回来尽情玩闹，多晚睡都可以，想笑多大声就笑多大声，想穿哪件衣服就穿哪件衣服，她的生活是多么自由自在啊。

苏珊想到了自己的生活，自从一年以前搬到了新房子里，不管她走到哪里，身边总是有人形影不离地跟着她，在房子里也总是有陌生的人出入和守护，她觉得自己就像生活在一座透明监狱里的囚犯一样，没有任何自由，每时每刻都被人监视着。有时候，她遇到好笑的事情大声笑起来时，马上就有人来告诉她，这很不合适，不符合她的身份；有时候她想像同学们一样穿一条蓝色的紧身牛仔裤，也很快就有人批评她这不可以；过生日的时候，她想邀请自己的同学们来玩闹一下，却被无情地拒绝了；就连她想一个人去看一场热闹的橄榄球比赛也是不能实现的。

这样的生活有什么意思呢？苏珊厌恶极了。于是，她逃出去了。她租下一间破旧的阁楼，她想：我总算可以像罗琳那样幸福快乐地生活了。她发出了欢快的笑声，忍不住在阁楼里跳了起来。可是，这难得的幸福只持续了短短几个小时，守卫们很快又找到了她，将她带回自己好不容易才逃出去的家里，那个家的名字叫白宫，而她——苏珊，是美国第38任总统杰拉尔德·福特的女儿。

“都是很好很好的，可是偏不喜欢。”某部小说的结尾这样写道。是啊，有权有势的父母、高大华丽的房子是很好，可是如果你心里想要的其实只是几个简单的朋友、一点小小的自由，那么再华丽的房子也不会让你高兴。

不要在意他人的目光和看法，不要活在别人的言语当中，只要是自己喜欢的，就勇敢地去追求和享受。因为你所钟爱的，便是最好的！

Life

抱怨不如改变

你身边是否有这样的人？每天总是有很多不满的事情，大事小事都喜欢抱怨一番，路上堵车要抱怨，天上下雨要抱怨，工作出错了要抱怨，就连饭菜不合口味也要抱怨。其实，这些都是再小不过的事了，姑且不论值不值得的问题，就算值得，可抱怨除了让人厌烦，对事情本身有什么帮助呢？

我们不能保证生活处处如意、一帆风顺，可是面对不如意，抱怨只能惹人讨厌，不如试着改变，想一想怎么才能让它不再发生，怎么才能改变现状，走出更好的路。

有一次，我从苏黎世飞到纽约，邻座是一位投资商。随着交谈逐渐深入，我得知他为一家规模不大的科技公司投入了大量资金，却始终得不到收益，这位商人谈到这件事，愤愤地抱怨说：“那科技公司的老板真是要把我气得吐血才肯罢休。”然后就一直对我发牢骚说这件事是多么的令人心烦，我问他这件事已经烦扰他多久了，他说有好几个月了。

我很惊讶，因为这位投资商是商界鼎鼎有名的富翁，资产有几千万美金，在瑞士有一栋令人艳羡的别墅庄园，他的妻子美丽贤惠，还有三个活泼健康的孩子，可是他却抛开了所有这些事情，为一家小小的投资公司而烦恼了几个月。我想了想，其实生活中这样的人挺多的，很多人很多事都让我们感到不满意，尤其是对方不懂得体谅别人反省自己错误的时候，更加令人烦恼。

于是我讲了一个故事给这位富商，这是一个很古老的寓言：有一个船夫划船到河对面运送货物，天气很热还遇上逆风，船夫汗流浃背、疲惫不堪，他一心想着要赶紧划到对岸去休息一下，然后赶在天黑之前回到家里。正在这时，前面过来了一条小船，顺风顺水，速度很快，直直地迎着自己的船驶了过来，眼看就要撞上了，对面船上的人却似乎没有看见前面有船一样，没有做出任何避让和转弯的行动。船夫生气极了，对着对面的小船大声叫骂起来：“快点让开！你这个蠢瓜！再不让开就撞上来了！快点让开！”可是对面小船上的人却毫无反应，仍旧飞速驶了过来。船夫急了，一边怒骂一边试图躲开，可是这时已经太迟了，两条船重重地相撞了，船夫差点被撞下船去。他对着对面的小船咒骂起来：“你到底会不会划船！就这么直直撞到我的船上，难道你的脑子坏了不成？”当他一边骂一边仔细观察对面的小船时，才发现船上根本没有人，原来这是一条缆绳松了，顺流漂下来的空船！

讲完了这个故事，我对着兀自想着故事含义的富商说道：“也许造成你恼怒的，只是一条空船罢了，既然对方根本不会为自己的过错反省或者改变，你又何必为了他烦闷甚至失眠？其实你只是在不停地强化对方对你的伤害罢了。”

富商想了一会儿，转头对我说：“你说得没错，其实这些天来，我在责备自己的失误，是我用人不当，做出了错误的投资判断。”然后他笑了笑，看着我说，“谢谢你，我想既然我知道这是个错误，就应该趁早结束这件事，卖掉那间公司重新开始。”我微笑了起来，在接下来的旅途里，我终于不用再听抱怨，而可以聊些轻松愉快的话题了。

面对别人犯下的错误，一味地沉浸在指责和愤怒中，只能使你一再错失挽回失误的机会，你可以选择再也不和犯下错误的人共事，但是面对已经发生了的事，切勿在抱怨中浪费时间。

马歇尔是加利福尼亚大学洛杉矶分校的学生，他的论文研究主要针对洛杉矶市政府的咨询项目展开，指导老师是马克教授，马克教授不仅是洛杉矶分校的顶梁柱，也是城市规划的主要领导者之一。

这一天，一向和蔼乐观的马克教授把马歇尔叫到自己的办公室里，声色俱厉地批评了马歇尔一番：“马歇尔，市政厅的人最近常常向我反映你态度非常不好，到处批评别人，而且动不动就大发脾气，对所有的人和事都一肚子不满，这是怎么回事？”

马歇尔愤愤不平地回答说："教授，这不能怪我爱批评，你不知道，市政府的效率有多低，而且制定的发展目标也有很多失误和问题，简直到处都是漏洞和毛病！"马克教授冷笑了起来："原来是这样，马歇尔先生，这真是一个大发现，我们的市政府的确效率低问题很多，可是你知道吗？这件事就连街角的那个修鞋匠都知道，他早就发现这个问题了。你还有什么要抱怨的吗？"

马歇尔并没有被教授的态度影响，仍旧大声说："市政府的举措有很多都明显对那些富人有所偏袒，这不公平！"马克教授笑了起来，摇了摇头说："好一个重大发现啊，马歇尔，你的眼光的确很锐利，评价也很准确，可是我必须负责任地告诉你，你所说的这个问题，街角的那个修鞋匠很多年以前就发现了。我的孩子，如果你一直保持现在这个样子，我想你很难拿到自己的博士学位。"

马歇尔一脸惊讶和难以置信，看着教授说不出话来。马克教授脸上露出了充满威严的睿智神情，缓缓对马歇尔说："你一定觉得我老了，脱离了这个时代。可是我作为你的导师，有必要告诉你我的看法：我认为，你现在的态度和行为，对将来会成为你客户的人来说，毫无帮助。其实，你现在有两个选择：第一，你可以继续这样抱怨批评下去，你会被市政府解雇，而且无法从我这里拿到你的博士学位；第二，放弃做一个评论家，而学习做一个能够提出有效建议，给出可行性方案的咨询家，只会批评是没有用的，你必须想出有效的办法让事情因为你变得越来越好。孩子，你会选择哪一个呢？"

马歇尔恍然大悟，毫不犹豫地回答："当然是第二个，教授，我知道我哪里做错了。"毕业以后，马歇尔和许多大公司的领导者合作过，在那些成功人士的身上，他越来越领会到当年教授对自己的忠告：抱怨不如改变，知道是不够的，做到才最重要。

谁都知道美味的饭菜能让人胃口大开，可是只有下厨练习做菜的人才有机会实现它。真正有才能的人，绝不是只会看出问题、提出批评的人，而是能够找出解决问题的办法的人。

Life

别让幸福在抱怨中溜走

曾经有一个小女孩喜欢吃鱼，却每次都抱怨说："为什么鱼要长这么多刺？"妈妈因而批评她："鱼不是生来就为了让你吃的。"生活中有这样抱怨的人其实很多，那为什么我们不能赞叹鱼肉的鲜美可口，感谢世界上居然有鱼可以吃，而要盯着肉里的几根小刺呢？

大多数时候，为了一些琐事而抱怨不休的人总是没有朋友，这是非常自然的，我们都有亲近快乐、远离烦恼的本能，谁会愿意整天和一个让自己感到生活充满不幸的人在一起呢？

两年前，小丽和丈夫来到了深圳，在这个大城市里立下了脚。可是不知从什么时候开始，她发现丈夫和她说话越来越少，每天一回家就上网打游戏、聊天或者看电视，对于小丽一边做家务一边唠唠叨叨充耳不闻，好像没听见一样，既不回应，也不发表意见。

小丽心里开始慌张，难道丈夫已经不在乎自己了？曾经他们是公认的恩爱夫妻，可是现在却像陌生人一样，一天到晚说不了几句话，难道10年的婚姻，最后就是这个结果？

终于有一天，小丽实在忍不住了，对着专心看电视对自己的问话毫不理睬的丈夫问道：“你为什么变成这样了？我说话你总是假装没听见。”丈夫看着小丽，仿佛也憋了很久似的，非常坦白地说：“我受不了你整天唠叨抱怨，自从来了深圳，你就像换了个人，没有一天不抱怨的。以前没房子你抱怨没房子，后来我们赚了钱买了这个房子，你又抱怨房子太小，离上班的地方太远。我每天上班也很累，可是一回到家，你只会对我唠叨，从来也不体谅一下我的感受，我觉得这种生活实在太没意思了。”

小丽愣住了，她回想了这两年来自己的行为，的确，她是一个什么事都喜欢说出来的人，一向心直口快，从内地来到深圳，生活环境和社会风气的改变都很大，她非常不适应，每次遇到邻里纠纷、同事不和甚至上班堵车等小事都要回来对丈夫抱怨一番。她心里其实并没有很认真地去想，现在回想起来，那些抱怨听在丈夫的耳朵里，无疑是在埋怨他没本事，挣不到钱。想起刚才自己说的话题，朋友在市中心买了100平方米的大房子，上班很近而且购物方便；再看看自己镜子中怨气冲天的脸，怪不得丈夫不爱搭理自己。原来，自己不知不觉已经变成惹人厌烦的样子了。

仔细想了一夜，小丽决定调整自己的心态，再也不埋怨生活中的那些小事了，每天回到家，总是有意让自己想一些高兴的事情，和丈夫谈论单位的趣事，或者商量一下要不要给卧室增添几件饰物等。果然，丈夫的态度越来越柔和，有时还会兴致勃勃地拉着她去逛商场，回来一起布置房间。没过多久，小丽发现这种有意的努力渐渐变成了习惯，镜子中的自己，渐渐从怨妇的形象中解脱出来，重新做回了当初那个明丽的小女人。

是啊，快乐的人就像一块磁铁，会吸引别人不由自主地靠近他，而满脸乌云的人，就像一堆垃圾，每个人都恨不能离得越远越好，家庭中是这样，社会上也是这样。

一天，爱因斯坦在街上遇到了一位老朋友，朋友看着他身上破旧的大衣，说："爱因斯坦，我看你需要买一件新大衣了，你看你这件实在是太旧了，你不觉得丢人吗？"

爱因斯坦无所谓地耸了耸肩膀，说："有什么必要吗？反正纽约也没几个人认识我。"

几年后，这位朋友再次在街上偶遇爱因斯坦，这时他已经成为世界知名的大人物了，可是仍旧穿着当年那件破旧的大衣，朋友忍不住再次劝说道："爱因斯坦，你确实应该去买一件新大衣了，这件太旧了。"

爱因斯坦依旧耸了耸肩膀，回答说："有什么关系呢？反正纽约的人们已经都认识我了。"

当我们为了出门要穿什么衣服而大伤脑筋，为了买不起商场里那件漂亮的大衣而闷闷不乐时，不妨也像爱因斯坦这样豁达地笑一笑，去寻找生命中更加重要的东西。

有一位夫人，几年来一直对来家里做客的朋友抱怨对面邻居家的女主人实在是太懒了："你看，她每次洗衣服都洗不干净，上面老是留着那么多斑点。我真是不明白怎么有女人可以懒成这样。"直到有一天，一位朋友仔细看了看对面邻居晾出来的衣服，忽然转身找了一张纸，将这位夫人家里的窗户仔细擦了擦，把玻璃上的灰尘都擦掉了，然后笑着对夫人说："你看，这样是不是就干净了？"这位夫人愣住了，原来，这几年来，一直是自己家的窗户上有污点，而不是别人的衣服没洗干净。

西方有句经典的话：当你觉得别人都用带着针一样的眼睛看待你时，那是因为你看待别人的眼中有一根横梁。是啊，我们常常抱怨别人这里或者那里做得不好，可是反思一下，难道我们自己就做得那么好吗？

Life

爱让幸福变得真实

托尔斯泰曾经说过："幸福的家庭都是相似的，而不幸的家庭各有各的不幸。"是啊，每个幸福家庭中都有相亲相爱、互相扶持的夫妻，家庭就是两个人用心培育的一个花园，就算有风雨，就算有害虫和杂草，也不能影响整个花园充满芬芳和艳丽。

在我们的生命中，爱人无疑是陪伴我们最久的人，家庭是我们一生中最重要的依靠和归宿，回到家中是否能感到安详快乐，决定了我们的整个人生是否幸福。

她是一个很贤惠的女人，从结婚的那一天起，每天努力操持家务，关心家里老小的起居饮食。她每天总是天刚亮就起床了，然后买菜做早饭，收拾屋子，为丈夫和孩子准备好上班上学要带的东西，中午下午她总是变着花样做出可口的饭菜来，然后认真地把锅碗瓢盆都洗刷得干干净净。到了晚上，当丈夫看电视，孩子也认真做作业的时候，她都会用一块抹布把所有的桌子、柜子、玻璃擦干净，然后再把地板拖了，一心要保证家里都一尘不染，觉得这样才算是做到了一个好妻子的本分。

她的丈夫也是一个不错的男人，不抽烟不喝酒，每天起早贪黑地工作，准时上下班，一回来就会督促孩子做作业，每个月的工资都交给她来保管。她总是想着，自己这样的生活应该算是很幸福了，但是她心里知道，她一点也不快乐，因为她觉得丈夫不理解自己，她也从他那里感受不到温馨和甜蜜。她常常想，也许是自己做得不够好吧，于是她更加努力，把房间收拾得更加整洁，把饭菜做得更加好吃，可是他们的婚姻还是如同一潭死水一样安静却沉闷。

这一天，女人又用心地拖着地板时，正在看电视的丈夫忽然说："老婆，这首歌很好听，来陪我听一会儿。"她正想习惯性地拒绝说自己还没收拾完屋子呢，可是忽然如同电光火石一般，心里一下子惊醒了，就在这一刻，她忽然明白了自己为什么总是觉得婚姻并不幸福，那是因为丈夫需要的不是一个一尘不染的房子和一顿精致的晚餐，而是一个可以和他一起享受生活、陪伴在他身边的妻子。

于是她第一次放下了手里的拖把，静静地坐在丈夫身边，陪他听完了那首优美的歌曲。当歌曲结束了，丈夫看着她微微一笑的时候，她终于明白了，干净整洁并不重要，在家庭和婚姻中，彼此陪伴、彼此需要才是最重要的事情。爱对方，就要明白对方真正需要的是什么，不能自己一厢情愿去付出，却不管这是不是对方想要的。

有的时候，我们需要做的仅仅是在爱人身边陪他听首歌，和他一起看场电影，一起逛街吃个冰激凌那么简单的事，不需要为了挣钱拼命努力，也不需要那么整洁干净，相爱相伴的感觉才是家庭中最美的事情。

男孩和女孩结婚不久，每天下了班，他们总是一起去买菜，然后回到家里做顿简单的饭菜，一边吃一边看电视。每次看电视的时候，男孩总是让女孩来挑台，她想看什么，他就陪她看什么，常常看到一半女孩正高兴的时候，却发现一旁的男孩已经睡着了。

每天买早点的时候，女孩总是问男孩想吃什么，男孩每次都笑着说什么都可以，你想吃什么就买什么。他们偶尔也会一起出去到西餐厅吃饭或者喝杯咖啡，男孩也总是让女孩来挑，自己总是说随便，然后让女孩点两份自己喜欢吃的。

刚开始的时候，女孩觉得很满足，可是时间长了，她开始觉得不对劲。终于有一天，当他们在饭店吃饭时，女孩执拗地要男孩来决定今天吃什么，男孩依旧说随便，女孩生气起来："难道和我一起生活就这么没意思吗？你就没有自己想吃的东西，想去的地方吗？为什么每次都要让我来拿主意？"

男孩愣住了，过了良久，才慢慢说："不是，我当然有自己想吃的东西，想去的地方。可是我爱你，我总觉得你应该得到世界上最好的一切，然而我还没有能力，我答应了带你去旅行，可是两年了都无法实现，我想为你买一个大房子也买不起，我觉得嫁给我你已经很委屈了，所以在日常生活中，我尽量满足你的每一个小小的愿望，不论你想吃什么，你想去哪里，只要我能做到的，都会尽力让你实现它。就像今晚一样，你想吃点什么呢？”

女孩愣愣地听着这番话，眼泪从笑着的嘴角上慢慢滑落下来。

是啊，在两个人的相处中，有时对方的做法看起来会让你觉得不可理解甚至生气，但是当你了解了就会知道，也许那才是一份真爱的表达。

有些事情虽然看起来荒唐，但因为有爱，它也会变得有趣而真切。在别人看来，这或许是一种把戏，可明白真正含义的你们，知道这是一种难得的幸福。

Life

留出一段生命的距离

人们常说，距离产生美。的确，远观一朵花时也许觉得它精致无瑕，可是仔细看了，才发现花瓣略有残缺；和一个人做普通朋友时觉得他开朗坚强，可是一旦走得近了，就看出他其实粗心莽撞。正因为有了距离，我们才会觉得世界很完美。

无论多亲密的朋友，适当的距离都能保持人与人之间的神秘感，让你显得更有魅力；面对普通人或者陌生人，合适的距离也能体现出你对别人的礼貌和尊重。无论是追求爱情、友情，还是日常交往的顺利，留出一段生命的距离都是智慧的选择。

还在读大学时，有一年老师带我们去农场参观。到了果园里，看到果农正在施肥，令我们奇怪的是，他总是在离果树将近两米的地方挖坑然后埋下肥料。我们纷纷询问，为什么不直接埋在果树下面？那样多直接省事啊。

果农呵呵笑了起来，对我们解释说："把肥料直接埋在果树根部的泥土里面会导致果树的根无法长大长深，这样整棵果树都会受到影响，长势不好。”

我们不理解：“这是怎么回事呢？把肥料埋在根部，果树吸收养分岂不是更加容易？这样应该是有利于它的生长才对啊，怎么反而会长势不好？”

果农看了看果树，语气诙谐地说：“果树和人一样，不能总是过着衣来伸手、饭来张口的生活，这样只会让它失去追求，逐渐堕落。”看着我们莫名其妙的样子，他继续解释说，“你们想啊，如果把肥料直接埋在根下面，这些根不用继续生长就可以吸收到养分，那么它们还会继续努力向深处生长吗？我把肥料埋在远处，就是为了让果树有一段距离去追求，就是这段距离给了果树目标，让它有动力往更远更深的地方生长，才能长成一棵健壮的大树。”

说完，果农面对恍然大悟的我们笑着打趣说：“孩子们，其实你们也是一样的啊！”

我们的人生也像果树一样，太接近自己的目标时反而会使我们失去前进的动力和过程中的快乐，正是距离带来了无限的憧憬和幻想，带来了努力奋斗的渴望，因而人生之路才会变得充实有意义。

10年以前，我还是一名初中老师，可是一封信改变了我的人生。那一天，邮递员送来一封信，信上没有署名和寄信人的地址，只写了我的地址和名字。看了信，我不由得皱起眉头，因为整封信的内容都是在说我是如何地误人子弟，写信的人给我起了一连串难听的绰号，把我称为教师里的败类、害群之马。

我参加工作两年多，只带过一个班级，从这字迹和说话的语气来看，我很快断定，这一定是那个刚刚毕业，名叫张力的学生写的信。当初我曾多次在全班同学面前批评过他，现在想来，有那么两次我的言辞的确有些过分了，难怪他一肚子的怨恨。

虽然知道这封信不过是张力的偏激之词，可我还是仔细地反省了自己的性格和两年来的教学点滴，结果竟然觉得，也许自己真的不适合当老师，真的有点误人子弟。刚好不久之后朋友做生意拉我入伙，我便毅然辞职，下海做起了生意。

几年以后，我的生意做得很有起色，拥有一家不算太小的企业。有一天，当我从公司门口经过时，意外见到了毕业很多年的张力，他正在等公交车，见到了我，就像弹簧一样一下子跳了起来，满脸通红地走过来，结结巴巴地说："田老师……好久不见……您好。"我笑着拍了拍他的肩膀说："你这小子，毕业这么多年了一点儿消息也没有，从来也不给老师写个信什么的，太没良心了。"张力低下头，低声说了几句"对不起"。随着我的玩笑，他原先的紧张渐渐消失了，可能是以为我并没有收到他的那封信，或者我并不知道信是他写的，聊了一会儿后，就说要请我吃饭。

在吃饭过程中，我了解到张力大学毕业后还没有找到合适的工作，而且他的专业刚好是我的公司需要的，就笑着说："当初全班就数你脑子最灵了，要是你不嫌弃我公司小，就到这里来干吧，怎么样？"张力听了激动不已，一个劲拉着我的手说谢谢。

第二天，他就正式到我的公司来上班了，也许是出于对当年写信骂我的愧疚吧，他工作非常上心，成绩出色，在公司上上下下都得到了不少好评，我也越来越器重他，逐渐给他升了职，涨了不少工资。那封信的事在我心里早就淡去了，我知道那只是一个孩子的年轻冲动，算不了什么。可是两年以后，在一次喝酒的时候，我喝多了，开玩笑地对张力说："张力啊，你感谢我，其实我也要感谢你呢，当年要不是你提醒了我，说不定我直到现在也还在学校里误人子弟呢，哪能有现在的成就。"我虽然喝多了，可是这些也是心里话，丝毫没有讽刺的意思，然而话音一落，我就看见张力的脸一下子涨红了，张大了嘴却没说话，呆了半晌，找了个理由便离开了。

第二天，张力没有来上班，以后也没有出现，他竟然就这样不告而别了。我一直不能谅解他，因为我都原谅了他，他又何必耿耿于怀呢？直到前几天我从报纸上看到这样一句话，才明白过来：人和人之间总是有一段距离的，就像一层窗户纸一样，透过这层纸，一切都很美好，可是一旦你把它捅破了，就会发现房间里到处都是灰尘。每个人心中都有一些隐藏着的秘密，我们可以把它留在心底，也可以选择心照不宣，但是一定不能说出来。

可惜当我看到这句话的时候已经太迟了，之后，我再也没有见到过张力，每次想起来，都让我觉得一阵遗憾。

是啊，很多事情埋藏在心里对大家都好，一旦说出来，就变成了不得不面对的事实、不得不解决的问题。谁都有生命中的伤疤和秘密，切勿因为自觉亲密无间就擅自越过那段距离揭开别人的内心，从而带来无法弥补的伤害。

Life

放弃也是一种收获

种田的人不会心疼撒在地里的种子，因为如此才能长出更多庄稼；种树的人不会为花朵凋谢而悲伤，因为如此才能结出丰硕的果实；钓鱼的人将小鱼挂在钩上，才能引来大鱼上钩。“舍不得孩子套不着狼”，没有这放弃，哪来更大的获得？

“舍得舍得，有舍才有得”，这句俗语隐藏着几千年来人们从生活中总结出的智慧。我们的目的常常是收获什么，可是为了赢得这收获，首先便要学会放弃。

前段时间，在电视上看了一个娱乐节目，获益匪浅。

在节目中，主持人选取了若干名观众参加活动，活动的内容是数钞票。主持人给每位参与者都发了一大沓币种不同面值各异的钞票，让大家在三分钟内进行点算，时间到了时，谁数的钱最多，而且数目准确，那些钱就是谁的。

节目中有四位参与者，当主持人公布比赛规则时，大家显得异常激动，数钱是多么简单的事情，三分钟的时间，就算数不出几万来，能数几千也是一笔不小的收获啊。

计时开始后，场下的观众目不转睛地看着台上的四个人紧张地拿着手里的钞票埋头点算，现场充满了刺激和兴奋的气氛。在这过程中，主持人还会分别给几位参赛者出几道脑筋急转弯的题目，只有答对了的人才可以继续数下去，题目都很简单，目的在于搅乱参赛者的思维，让他忘记刚才点算出的结果。

三分钟很快过去了，每位参赛者手里都握着一沓钞票，还有一张纸，上面写着他们数出的这叠钱的数额。第一位是3875元，第二位是6378元，第三位是4331元，而第四位却只有1120元，听到第四位参赛者三分钟只数出了这么点钱，台下一片哄笑，大家都想，第四位参赛者脑子一定不好使，怎么才数了这么点钱。

紧接着，主持人当场开始验算这四位参赛者手中的钞票数额，正确的结果是：3865元、6298元、4326元、1120元。大家都愣住了，前面三位的数额虽然大，可是他们都数错了，而第四位参赛者得出了正确的数字，最终，他获胜了，得到了那1120元的奖金，而前面三位数错了的参赛者却白白忙活了三分钟。

主持人拿起话筒，微笑着对大家做了最后的解说：“从这个节目创办以来，所有参加比赛的人，从来没有一个人能数出超过1500元的钞票，钱越多，就越容易出错，因此那些一心想多数出一些钱来的人，总是会输，只有那些懂得适可而止的人才能赢，虽然他们手里的钱不多，不过比起白忙一场来说，还是聪明得多的选择，不是吗？”台下的观众面对这样令人惊讶的结果沉默了很久，然后渐渐醒悟过来，都站起来为第四位参赛者鼓掌。

我们小时候听过的狗熊掰苞米的故事，不也是同样的道理吗？一个劲儿地掰下更多来，却忘了自己根本拿不了那么多，一通忙活过后，其实怀里剩下的，还是那么一个而已，倒不如小心顾好自己手里这几个，说不定能多拿一些。

杨振宁从小就喜欢物理，一心想在实验物理方面做出成就。1943年，他留学美国，3年后进入了芝加哥大学，跟随费米教授攻读研究生，希望能写出一篇出色的实验物理论文。

当时，费米教授忙着在阿贡国家实验室里进行一项军事研究，杨振宁作为一个刚刚到美国学习的中国学生，是不被允许进入阿贡实验室的，于是在费米教授的推荐下，杨振宁跟随芝加哥大学物理系的艾里逊教授进行实验研究，同时跟泰勒教授做一些理论方面的研究。

艾里逊教授的实验室中有一台40万电子伏特的加速器，在当时是非常先进的，可是杨振宁作为这个实验室里的6个研究生之一，他的实验进程却异常艰难。在做实验的过程中多次发生爆炸事故，一年半以后，实验室里最流行的笑话就是：有爆炸的地方，一定就有杨振宁。而杨振宁自己，也不得不在接连的失败中承认，自己确实不善于动手，操作能力远远不如别人。

这一天，被称为美国氢弹之父的泰勒博士对跟着他进行理论学习的杨振宁说："看你的样子，最近的实验是不是很不顺利？"杨振宁羞愧地低下头，回答："是的，教授，很不顺利。"泰勒博士诚恳地对他说："其实，你目前已经写了一篇有关理论的论文了，我觉得你似乎可以把这篇论文扩充一下，就作为博士论文，我愿意当你的导师，你为什么非要写实验方面的论文呢？"

听了这番话，杨振宁心里五味杂陈，他既觉得自己确实在做实验方面能力不足，可是就这样放弃又不甘心，他的心愿是希望在实验方面有所建树，也为之努力了这么多年，想写出一篇成功的实验论文来达成自己的理想，要一下子转向理论方面，放弃自己坚持了这么久的愿望，实在不是件容易的事情。于是他感谢了泰勒博士的关心，表示自己要考虑一下。

离开实验室后，杨振宁想起了自己小时候的事情。有一次，他在手工课上用橡皮泥捏了一只小鸡回去向母亲炫耀，母亲却微笑着称赞说："好极了，这段藕实在是太像了。"类似的往事在记忆中有很多很多，终于，他下定决心，既然自己确实动手能力不足，就不必在这方面继续浪费时间。

第二天，杨振宁接受了泰勒博士的建议，毅然放弃了实验论文的想法，把研究方向转向了理论方面。1957年，他终于获得了成功，和李政道联手获得了那一年的诺贝尔物理学奖。

放弃坚持了很久的选择是很困难的，不然也不会有"割爱"这个词了，可是就算像割肉一样痛苦，我们也不得不拿出这样的勇气和胆识来——为了长远的利益和更好的未来。

真正的仁慈

每个人对幸福的定义不同，所以心里的感受也不同。这就像那句诗：明月装饰了你的窗子，你装饰了别人的梦。也许你在羡慕别人的生活的同时，别人也在羡慕你的生活。

在美国西部的一个城市，萨迪老人是一位远近闻名的慈善家。可是现在老人陷入了矛盾中。因为前不久她收到了慈善机构的一封来信，信上说想要老人捐出她在郊外的一片空地，慈善机构想在这里建一座孤儿院。老人正考虑以什么样的理由拒绝慈善机构的要求。虽然萨迪老人是一位慈善家，她经常给孤儿院等慈善机构捐献钱财或者衣物。但是，那块空地是她祖上留传下来的，并且她想过几年之后在那里养老。最后，老人决定还是拒绝慈善机构的要求。

做了这个决定之后，老人便前去告知慈善机构。由于老人一心只想着孤儿院的事情，竟然不知道天空已经快要下雨了。当老人刚走了一半路程的时候，就下起了大雨。老人没有带伞，就跑进一家商店避雨。可是大雨依旧没有停下来的迹象，于是老人打算冒雨前行了。就在她准备离开的那一刻，一个导购员把一把伞递给了她，自己则转身跑进了大雨里，老人感动地愣在那里，然后才继续朝慈善机构走去。

很快，老人就到了慈善机构。由于下雨，慈善机构的走廊里全是水，老人的鞋子也湿了。她感觉很不舒服，想要换一双拖鞋。可是她发现慈善机构的大厅里连放拖鞋的地方都没有。老人心中很是懊恼，这时一双拖鞋递在她手里。她抬头一看，是慈善机构的义工，而这位义工则穿着白白的袜子站在湿地上。老人又一次感动了。老人突然感觉到自己平时的慈善根本不算什么，这些才是真正的慈善啊！因为他们把自己最需要的东西无条件地送给了别人！于是，她走进捐助办公室，郑重地说道："我同意把我在郊外的空地捐出来，并且祝愿孤儿院早日建成。"

Life

“不做”中的幸福

我们总在追求，总在努力，总在不停地“做”着，仿佛只有这样，只有勇于行动才能实现幸福的人生。然而也有一些人，他们常常会选择“不做”，并且获得了“不做”中的快乐。

杨看着我们都准备买房子或者已经买房子做了房奴，每个月紧张地还贷然后奔波时，总是一脸疑惑：“干吗一定要买房子啊？人是活的，房子却是死的，它又不能跟着你走，不过是为我们的生活服务的，像你们这样，就变成人为房子服务了。”我们无奈地笑笑，然而杨真的没有买房子。

她说她就是图个方便、舒服，贷款买房子太远了，也太贵了，所以刚刚结婚时，杨在自己和爱人的单位中间租了一个小公寓，小区比较幽静，两个人都骑车上班，只需要二十几分钟。后来杨怀孕了，准备生孩子时，就换了个房子，住在了自己单位附近，租了一楼一个带着小院子的两室一厅，每天只要走几分钟就到单位了。租金比原来贵一些，不过她笑着说："这样我上下班方便，照顾孩子的母亲洗洗晒晒的也比较容易进出，而且孩子每天在自己家的院子里就能晒到太阳。"

几年后，孩子要去幼儿园了，杨又搬到了一个小学的附属幼儿园旁边，租了教育小区的一间房子，每天孩子自己去学校，沿着草坪走到小区旁边就是，很安全，她也因此避免了每天接送孩子的奔波之苦。当我们问她难道租房子的租金不是很高吗？她摇摇头说："和买一套类似的房子比起来，这只能算九牛一毛，而且我还可以随时换。"

后来车价下跌，大家纷纷去考驾照买车，可是因为没买房子，生活比我们都宽裕的杨却始终没什么动静，只是说她对汽车没兴趣，还说从经济角度考虑，她觉得打车更省事，而且她的房子总是活动的，单位很近，也不怎么需要车。

没几年股市疯涨，人人都钻进股市里指望发笔横财，可是杨只是站在旁边看新鲜，她说她也想暴富，可是觉得实在对那些数字没兴趣，所以我们焦头烂额的时候，她却和丈夫四处旅行，读书写作。最后股市跌了，我们也没赚到多少钱，而这时杨写的小说出版了，稿酬有近10万，这令我们大跌眼镜。

孩子上小学了，我们为了让孩子考个好成绩，把他们送进各种补习班和特长班，可是杨的儿子却什么班都不参加，一个人在院子里做木匠活，杨说儿子喜欢做手工，虽然经常搞得很脏，不过只要儿子喜欢就行了，结果小学没毕业呢，那孩子做出的小发明就在全国获了奖。

有时我们去杨家做客，她很少到大型超市去买东西，只是在小区里的便利店里买自己需要的东西，她说那样可以避免被超市太花哨的货物搞花了眼，买回很多没必要的东西来。

前不久，杨又换了房子，租了一个老房子，有一个小小的院子，窗户很大，对着院子里的几盆花草。周末的下午我们最喜欢到她家里去坐坐，什么都不谈，只为了享受那一种没有自找的压力，没有奔波辛苦的安宁和放松。我们知道自己也可以做杨那样的人，但是“不做”的确是一种境界，不是谁都能实现。好在，杨的存在让我们知道，这世上还可以有这样一种生活方式，能够享受“不做”带来的幸福。

曾经有一个人劝说树下休息的农夫努力耕田赚更多的钱买大房子，然后就可以躺在树荫下看着白云悠闲度日，而农夫笑问：“你看我现在难道不是在树荫下悠闲地休息着吗？”是啊，我们为之奔波忙碌的那些事，真的那么有必要吗？是否没有它们，我们也还是能一样生活呢?

当我见到那个一脸阳光的大男孩时，我怎么也不能相信，他是一家大型公司的总会计师。当我坐在他的车里，看着他轻松自在地在拥挤的车流中听着音乐哼唱时，总以为他要去旅游，而不是去迎接一天紧张繁忙的工作。

当我问起，他这么年轻就有了这番成就有什么秘诀时，他笑了笑，说：“很简单，我每天都会留给自己两个小时的空闲，不管多忙都不会忘记。”

然后他淡淡地讲述了自己一天的生活节奏：早上6点起床，喝杯水出去打打太极拳，然后回来给自己做一个煎鸡蛋和面包当早点，接着在阳台上读会儿书，不过更多时候，他不读书，只是静静地坐在阳台上看着日出东方，看着远处的云朵和飞过的几只鸽子，心里什么都不想，只是享受这份难得的清静。他说：“早上是最安静的时候，那时我的心最放松，可以自在地和自己对话。这样，到了上班时间出门的时候，我的心情总是格外满足。”

离开这个懂得怎样生活的大男孩后，我把他的秘密分享给了大家。不久之后，听到这个秘密并且去效仿的人纷纷惊奇地告诉我：自己有听音乐读书的时间了，有看风景的兴致了，觉得心灵一下子充实起来了，又找回了自己……

这个幸福的秘诀其实并不是秘诀，我们的身体需要睡眠来得到休息，而我们的心灵也一样，偶尔也需要在什么都不做的宁静中获得滋养。

Life

人生始终在旅途

人生是一段旅途，从呱呱坠地到离开人间，旅行途中布满荆棘。有时还会有电闪雷鸣，让人望而却步。然而，我们还是会背起行囊继续赶路，这样的旅程，为的不是计较付出多少，代价是否值得，而是为了体验整个过程：途中遇见的某个人，某处美丽风景，某道绚烂彩虹。这种体验是人生旅途中最宝贵的财富。

人生始终在旅途上，为了生存，我们可能会吃苦；为了争取，我们可能会遭遇挫折，但是心灵始终有所依托，我们知道我们在努力前进，这就够了。因为努力，所有的挫折都显得渺小。

索菲亚·科波拉在第六十七届威尼斯电影节上获得了“金狮奖”，当评委会把“金狮奖”颁给她的那一刻，索菲亚的眼中闪烁着激动的泪光。

索菲亚出生于名门之家，父亲是执导赫赫有名的电影《教父》

三部曲的大导演弗朗西斯。大导演弗朗西斯一直有一个梦想，就是把自己的女儿打造成好莱坞的明日之星。当初在拍摄《教父》的时候，弗朗西斯就为刚刚出生的女儿安排了一个角色——电影结尾时那个接受洗礼的婴儿。

生长在电影之家的索菲亚虽然受到了家庭的熏陶，但耳濡目染并没有给她带来好的演技。18岁那年，父亲给索菲亚在《教父3》中安排了一个角色，索菲亚却将这个角色演得一塌糊涂。影片播出后，对她的抨击铺天盖地，她演出的这个角色被公认为是这部电影的耻辱。她扮演的这个角色在剧情中死亡时，观众们高兴不已，都为她所扮演角色的死而欢呼。

就这样索菲亚的演员梦结束了。在很长的一段时间内，索菲亚四处漂泊。她首先应聘到法国香奈儿公司，成为一名普普通通的接线员，因为前途渺茫，所以她辞了职；后来母亲又让她去学绘画，希望她能成为一位画家，但是索菲亚根本不是那块料，没学多久就中途辍学了；后来她对摄影有了兴趣又开始学摄影，但只能为一些杂志社拍摄些照片，离摄影大师的距离甚是遥远。索菲亚茫然了，她也不知道自己接下来该干什么？还能干什么？忧郁、痛苦、挣扎……这期间一本小说改变了索菲亚的命运，颠覆了她原本的人生。这本小说是美国作家杰弗里的《折翼天使》，被小说里的情节深深抓住了心的索菲亚，试着把这本小说改写为电影剧本。父亲在得知女儿在改写小说时，向她发出了警告：这本小说的改编权已经出售了，她对小说进行任何改编都会侵犯版权。索菲亚冒着侵权的风险，不顾父亲的警告毅然决然地找到了拥有小说改编权的一位制片人。当制片人看了索菲亚改编的剧本之后，大吃一惊，她的改编非常好，完全可以拍成电影。制片人当即决定放弃原先改编的剧本，临时改用索菲亚的作品，并且让索菲亚担任该片的导演。这部名叫《折翼天使》的电影上映后，观众好评如潮，索菲亚成为好莱坞最年轻的导演。

这个连演员都做不好的索菲亚，竟然奇迹般地成为一名优秀的导演，她的父亲也觉得不可思议。在弗朗西斯的眼里，一个人如果连一个简单的角色都演不好，那就更加不可能成为导演，索菲亚却打破了父亲惯常的思维。在他眼里那演技一般的女儿，不仅成了导演，而且成为获得“金狮奖”的大导演。后来记者采访弗朗西斯时，问道：“作为资深的导演，难道您以前没有发现索菲亚具有导演的潜能？”弗朗西斯的表情很复杂，他想了半天，才说：“索菲亚3岁的时候，我和妻子在车子里吵架，突然后座上传来一个声音：‘cut（停）’。你瞧，索菲亚这么小就知道用这个词了。”记者们听后，都哈哈大笑。

有很多成功是无法预料的，也没办法去设计，而很多成功恰好就在你不注意的地方。你走过了岔路口，走过了荆棘地，出现在你面前的便是成功。人生始终在旅途上，你我都是如此。

如果人是一辆车，那么挫折就是轮胎，压力便是动力。人到中年，大家喜欢在一起讨论关于成功的话题，很多人有遗憾，并不是因为受了多少挫折，而是因为压力不够。如果年轻的时候能够多一些压力，多一些负重，那么今天，他们大概就能成为自己口中“成功”的那类人吧。

其实，借口也好，理由也罢，想要成为一个卓越的人，势必要经历常人没有经历过的艰难困苦。我们也许经历过，但是在困难面前，每个人的态度不同，结果就不同。成功从来没有限定时间，从现在开始努力，仍然可以有一番成就。

这艘轮船卸了货，马上准备返航，恰巧这时遭遇大风暴，大家慌乱起来，不知道如何是好。

老船长果断下令：“把船舱全部打开，立刻灌水！”

啊？水手们听到这里都吓呆了，这时候这么危险，怎么能灌水呢？不是给自己找麻烦吗？大家忧虑重重地问船长：“这不是自寻死路吗？往船舱里灌水，不是更加危险吗？”

这时候，老船长十分严肃地说：“你们见过枝干很粗的大树被暴风雨刮倒过吗？被刮倒的，都是那些没有根基的小树苗。”

于是，大家半信半疑地开始照做，虽然暴风雨很猛烈，但是出人意料的，随着货舱里的水位越来越高，货轮却越来越平稳了。船在那个波涛汹涌的海面上行驶着，大家都不再害怕暴风雨的袭击了。

船长再次告诉水手们：“要知道，一只空的木桶很容易被风吹倒，但是如果桶里装满了水，风就吹不倒了。船也是一样的道理，在负重的时候，最安全。而空船，恰恰是最危险的。”

船是这个道理，人生又何尝不是呢？那些心怀大志的人，都是因为有着巨大的压力，在自我调节以后，转化为强大的人生动力，才有所成就的。而那些空耗时光的人，就是空着的船，根本经不起暴风雨的洗礼。

有个人家里很穷，他父亲过世的时候，还是多亏朋友的募捐，才顺利安葬。他父亲去世以后，母亲就在一个工厂里做杂役，一天要干十多个小时的活儿，还经常带一些工作回家做。这时候的他，刚读小学，同时还要照看4岁的妹妹。

迫于生活的压力，他不得不辍学了。

他从未气馁，帮着母亲撑起了整个家，他说以后他要当一个顶天立地的人。在20岁的时候，他自告奋勇参加教堂里举办的业余戏剧演出。他感觉自己很有演讲的天赋，母亲很支持他，母亲告诉他，你就是一只负重前行的货轮，有压力，才有动力。

后来，他找来很多关于演讲的学习资料，同时拜一个著名的演讲家为老师。短短几年时间，他在演讲界就已经小有名气了。

30岁的时候，他靠着自己的演讲才能战胜对手，成为纽约州的议员。他甚至都不知道这是怎么回事，可是他选择了一点点的努力，努力了解，努力掌握，努力做好，竭尽全力不让任何人失望。

再后来，他在好几个相关领域里成为了专家，他从一个当地的小小政治家成为全国的名人。《纽约时报》里称呼他是“纽约最受欢迎的市民”。

他就是著名的政治家艾尔·史密斯。因为不断地努力，不断地前进，他四度当选纽约州州长。1918年，他成为民主党总统候选人，六所著名大学把荣誉学位赠给这个连小学都没有毕业的人。

他说：我的压力就是我成功的动力，恰恰是因为缺陷，我才要更加努力去弥补，并且做好。

他的一生一直与苦难同行，正是这些苦难造就了他的传奇人生。

每个人的一生都不是一帆风顺的，都在为明天的幸福去努力奔波。
当我们知道这一生始终都会在路上前行的时候，那些所谓的波折也就不算什么了。

Life

只要不认输，就有成功的机会

面对挫折，永远不要认输，永远不说放弃。这是人可嘉的勇气、宝贵的毅力。要坚信，世界上没有任何困难可以成为我们通往成功的绊脚石。

有两个年轻人相约一起去挖金矿。刚开始，他们都抱有坚定的信念，不挖出金子决不放弃。两个人夜以继日地挖，双手、双脚都磨出了血泡，却依然没有发现金子的踪迹。

其中一个人开始有些动摇了："哪有什么金子啊？这些天的辛苦全都白费了，不干了！"于是，他收拾行囊回家了。而另一个人继续埋头干活。

终于有一天，那个不认输的人在地下挖出了石油，开启了成功之门。而认输的那个人只能继续品尝失败的滋味。

失败不等于放弃，放弃却等于失败。在困境中坚持不认输，即使得不到想要的金子，也能找到同样金贵的石油。

马云说：“我不知道什么叫成功，但我知道什么叫失败，那就是放弃，只要你不放弃，你就有希望，你就有成功的可能！”人只要坚持心中的梦想，以坚强的意志迎难而上，不在挫折面前认输，就有希望战胜挫折，超越自我，找到成功的机会。

虽然人生之路不会一帆风顺，但是只要我们不认输，一步步勇敢、坚毅地走下去，不抛弃，不放弃，总会有成功的那一天。

美国著名动画大师、企业家、导演、制片人、编剧、配音演员、卡通设计者、举世闻名的迪士尼公司创始人——沃尔特·迪士尼的成功源于他对绘画的坚持。

迪士尼在上学的时候，就对绘画和描写冒险生涯的小说特别入迷。成年后，酷爱绘画的他生活贫困，于是，到堪萨斯城的《明星》报社想找一份工作，他把自己的绘画作品拿给报社的主编看。然而，主编瞧了几眼，便说他一点儿也没有绘画的才能而拒绝录用他。迪士尼只好离开。

这次失败并没有使迪士尼放弃对绘画的执着。不久，他终于找到一份装饰教会的绘画工作。但是，因为他的薪水很少，根本没钱租一间像样的工作室，只好把父亲的车库改装成自己的工作室。

即使在这样艰难的工作环境中，迪士尼也没有向命运低头。他把自己所经历的一切当成磨炼自己毅力的磨石，也正是在这个弥漫着汽油味和机油味的车库中，他创作出风靡全世界的米老鼠。

一天，迪士尼正在工作室工作的时候，一只老鼠突然窜出来，在工作室中跑来跑去。于是，他放下手头的工作，一直盯着那只老鼠看，并拿些面包屑丢给它吃。

渐渐地，那只老鼠竟然和迪士尼熟悉起来。后来，当迪士尼带着自己创作的一系列卡通电影到好莱坞谋求发展的时候，他遭遇了一次又一次的失败。虽然他身无分文，但他没有认输，没有放弃。有一天，当他思索自己的未来时，脑海中突然出现了在车库中跑来跑去的老鼠的形象。迪士尼立刻动手画出了那只老鼠可爱的模样——米老鼠由此诞生，迪士尼也由此敲开了成功的大门。

人生中无论遇到多大的困难，只要坚持不认输，也许一只老鼠也能成为你转败为胜的机会。

Life

付出让我们幸福

我们总在说我们获得了什么、追寻着什么，仿佛只有那些才是人生幸福的来源。其实很多人不知道，付出也会让人感到幸福，不仅是亲人爱人之间的付出，就算是在普通人甚至陌生人之间，当你提供了一点不起眼的帮助，却能看到对方满足的微笑时，那种快乐也很真实。

为别人做点什么，不是不切实际地要求每个人总是考虑别人而忽略自己，而是当你恰好遇到而又力所能及时，不要轻易地拒绝别人的要求。有时，付出一朵小花，比面对整个花园更能令人愉快。

有一个神父讲了这样一个故事：当我还在教堂的时候，每个星期天都会主持一次礼拜，每次我开始之前，总会有教友亲切地走上前来把一朵玫瑰花别在我的衣领上，久而久之，我把它当成一件理所当然的事。

可是有一件事情改变了我的看法。那是一个星期天，礼拜结束了，我捧着《圣经》正打算离开的时候，一个小家伙走上前来，抬头向我问道："神父你好，这朵花您打算把它怎么样？"我低下头来，这是一个可爱的小男孩，看样子不到10岁。他看着我脸上茫然的神色，指了指我的衣领，我恍然大悟："哦，为什么你会问这个问题呢？"

男孩说："因为我看到在礼拜开始的时候，你总会戴着玫瑰花，可是现在礼拜结束了，您是不是不需要它了？如果是这样的话，那么您能不能把它给我呢？"看着男孩天真的脸，我笑着说："当然可以了，不过你要告诉我，你要这朵花做什么用？"男孩高兴地拍了拍手，解释道："是这样的，神父，去年我的爸爸妈妈离婚了，我就跟妈妈一起过，可是几个月以后她和另外一个人结婚了，那个男人不喜欢我，妈妈就把我送到了爸爸那里。但是没几天爸爸说他连自己都照顾不了，就把我送到了我的祖母这里，祖母对我非常好，她很爱我，我在祖母这里过上了最开心的生活，她比我的妈妈都好呢。我看到喜欢您的人都送给您花，我想让祖母知道我也爱她，所以要把这朵花送给她。"

我看着这个可爱的男孩，没想到他竟然如此懂事，于是我蹲下身来，抱了抱他，对他说："孩子，这是我听到过的最感人的故事，上帝也会喜欢你所做的事情的，可是仅仅这一朵花远远不够，你跟我来。”我带着他来到教堂门口的空地上，这里有很多附近的人们送给教堂的鲜花，一束一束在风中摇摆着。我指着这些花，说：“孩子，你可以在这里挑一束你最喜欢的，我把它们送给你，你可以送给你的祖母，这样才能回报她对你的爱。”男孩子兴奋地捧起了一束花，对我说道：“神父，太谢谢您了，我本来只想要一朵花，却得到了一束花，这是多么美好的一天！”听了这句话，我的心忍不住柔软起来，这句话多年以来一直深藏在我的心中，从未淡忘，提醒着我应该怎么做人，怎么做事。这个男孩为了报答祖母对自己的爱，希望献给她一朵花，这只是一个小小的心愿，而神父却从中感受到了人生的真谛——当你愿意为你爱的人献上一朵花时，你的心也一定会充满了花香。

在美国弗吉尼亚州北部的一条河边，一个老人站在寒夜里等待渡口的渡船，然而船总也不来，他想要徒步绕到远处的大桥上，可是在寒风中站得太久了，他的四肢冻得僵硬麻木，实在没有力气走那么远的路了。

正在这时，空无一人的小路上传来了一阵清脆的马蹄声，并且渐渐走近了，几个骑马的人慢慢地从老人身边经过。老人抬头看着这些骑手，打量着他们的表情，当其中最后一名骑手马上就要走过去的时候，老人忽然喊住了他，向他说道：“先生，您能否帮我一个忙，我想到远处的大桥边去，可是您也看到了，我现在的样子是很难走到那里的，您是否愿意让我和您共骑一段路呢？”骑手停住了，看了看老人，然后点头回答：“不错，你上来吧！”可是老人几乎无法移动自己的身躯了，于是骑手跳下马来，将老人扶上了马背。他带着老人到了大桥边，并没有停下来而是一直走了好几英里，把老人驮过了桥，送到了他要去的地方。就在他们马上要到达的时候，骑手忍不住好奇地问："先生，我刚才看到你看着我前面的人一个个走过去，可是没有请求他们帮助，而我经过时你却留住了我，请我带你一段路，这是为什么呢？"

老人动作缓慢地下了马，看着骑手的眼睛说："我在您脸上看到了明显的仁慈和不忍，我知道您一定会愿意帮助我的。"听完了这段话，骑手带着一点惭愧和感动说："谢谢你，你对我的评价太高了，如果不是你这番话，我可能不会想到，最近我太忙碌了，已经很少想到要给予别人一些安慰和同情。"然后，骑手——也就是托马斯·杰弗逊总统对着老人扬了扬手，调转马头重新回到了去往白宫的路上。

也许有时为别人提供一些帮助对你来说太过琐碎和麻烦，你不觉得那有什么意义，可是你是否想过，对于那个需要帮助的人来说，你的举手之劳却是他最需要的。

Life

每一个孩子都是好孩子

孩子是生命开出的花朵，没有一朵花是不美的，只是，如果我们一定要让这朵花从月季变成牡丹，结果只能使它既变不成牡丹，也失去了一朵月季原来的美丽。也许，我们该学会欣赏每一种花独有的美。

有时候，你也许会因为自己的孩子在某个方面不如别人而难过，急切地希望他改正，希望他能做得更好，一旦他没有达到，就为之焦虑不安。可是，为什么你不能看到，他本来已经是个好孩子了，他也具有很多别的孩子没有的优点呢？

玛丽的儿子埃里克学习成绩不太好，不论她多么努力地去教他、监督他，他带回来的成绩单总是写着C。慢慢地，玛丽开始灰心丧气了，心想："难道我是一个这么不称职的妈妈，不能对孩子有什么好的影响吗？难道埃里克就这么不争气，什么都学不会吗？"她总是在担心，他这样下去，以后肯定没什么出息，说不定连他自己也没办法养活，那该怎么办呢？

可是一件事改变了她的想法。那一年埃里克16岁，一天晚上，医院一个突如其来的电话告知玛丽，她的父亲因为心脏病发作去世了。外祖父在埃里克的心里占有难以取代的位置，可以说是他的第一个朋友。小时候，埃里克总是对着外祖父叫“爸爸”，的确，在丈夫忙于工作的那些日子里，是外祖父扮演了他爸爸的角色，带他去旅游，陪他打棒球。多年来，等着外祖父打电话来或者亲自来访，是埃里克生活中最重要的期待，没想到这一切，就这样戛然而止了。

走进丧礼接待室时，埃里克一直牵着玛丽的手，她心里非常难过，接受着朋友们的安慰，等她发现埃里克忽然不见了时，四处寻找才发现他在接待室的门口站着，给那些拄着拐杖步履艰难的老人们提供帮助，他们靠着他的搀扶走到父亲的灵柩前致意。晚一些时候，司仪对我说，还缺少一个抬柩者，埃里克马上走上前来，说：“先生，我可以吗？小的时候，‘爸爸’总是带着我走，现在，该让我带着他了。”听了这话，我忍不住又流下泪来。

从这时开始，玛丽明白了，儿子就算考不出好成绩也没什么，因为一个成绩优秀的儿子根本比不上现在的埃里克。他是那样富于同情心，那样懂得回报他人的爱，这些都是一个人最难得的品质，没有一门功课可以教得会，也不是任何优秀的成绩可以代替的。我再也不会苛责他了。

是啊，我们总觉得学习成绩好才是好孩子，可是有些东西，是不能从成绩上体现出来的。孩子迟早会长大，对于一个人来说，那些品质才是更重要的。

每个生命的个体都是独一无二的，将两个有无数不同特点的个体进行比较，本身就是一件错误的事情。我们应该做的是，给予他们更多的理解，让他们发挥出最大的优势和价值。

未来的你，
一定会感谢现在努力的自己

文图编辑：薛金博

美术编辑：刘晓东

封面设计：罗　雷

版式设计：何冬宁

插图绘制：多多卡通